新媒体·新传播·新运营 系列丛书

剪映专业版

PC 端短视频制作

| 全彩慕课版 |

张建强　徐海侠◎主编

孟禹彤　陈灵诚◎副主编

New Media

人民邮电出版社

北京

图书在版编目（CIP）数据

剪映专业版：PC端短视频制作：全彩慕课版 / 张
建强，徐海侠主编. -- 北京：人民邮电出版社，2024.6
（新媒体·新传播·新运营系列丛书）
ISBN 978-7-115-64313-1

Ⅰ. ①剪… Ⅱ. ①张… ②徐… Ⅲ. ①视频编辑软件
—教材 Ⅳ. ①TP317.53

中国国家版本馆CIP数据核字(2024)第084443号

内 容 提 要

剪映专业版凭借其直观的创作面板、流畅的剪辑体验、优秀的智能功能和丰富的热门
素材在诸多视频剪辑软件中脱颖而出，备受用户的青睐。本书系统地介绍使用剪映专业版
在PC端进行短视频制作的方法与技巧，全书共9章，主要内容包括短视频概述、短视频拍
摄基础、短视频剪辑快速入门、调整画面效果、添加转场与特效、添加音频与字幕、短视
频的导出与发布、短视频制作基础案例实训、短视频制作进阶案例实训。

本书注重实践，案例丰富，既可作为高等院校新媒体类、数字媒体类、电子商务类、
新闻传播类专业相关课程的教材，也可作为广大读者自学剪映短视频制作的参考书。

◆ 主　　编　张建强　徐海侠
　　副 主 编　孟禹彤　陈灵诚
　　责任编辑　连震月
　　责任印制　王　郁　彭志环

◆ 人民邮电出版社出版发行　　北京市丰台区成寿寺路 11 号
　　邮编　100164　　电子邮件　315@ptpress.com.cn
　　网址　https://www.ptpress.com.cn
　　涿州市般润文化传播有限公司印刷

◆ 开本：700×1000　1/16
　　印张：12.5　　　　　　　　　2024 年 6 月第 1 版
　　字数：288 千字　　　　　　　2025 年 2 月河北第 4 次印刷

定价：69.80 元

读者服务热线：(010)81055256　印装质量热线：(010)81055316
反盗版热线：(010)81055315

前言
Foreword

随着移动网络的发展和智能手机的普及，短视频用户数量迅速增长，而短视频剪辑软件的出现进一步加快了短视频的发展，越来越多的人将目光投向短视频行业。为了满足人们的创作需求，抖音官方相继推出了移动端短视频剪辑工具剪映App和PC端视频剪辑软件剪映专业版，受到了广大短视频创作者的欢迎。

与剪映App相比，剪映专业版拥有更全面的操作界面和更强大的面板功能，可以适应更多场景的后期剪辑任务，满足创作者的各种剪辑需求。通过学习剪映专业版的视频后期剪辑技术，创作者可以掌握"爆款"短视频的创作规律，从而掌握平台流量的"财富密码"。

党的二十大报告提出："推进文化自信自强，铸就社会主义文化新辉煌"。短视频以其特有的传播方式，成为现代人精神文化的一大来源，也成为社会主义文化强国建设的重要组成部分。为了帮助读者快速掌握剪映专业版的使用方法，在利用短视频变现的同时推进社会主义文化建设，我们精心策划并编写了本书。

本书共9章，主要内容包括短视频概述、短视频拍摄基础、短视频剪辑快速入门、调整画面效果、添加转场与特效、添加音频与字幕、短视频的导出与发布、短视频制作基础案例实训和短视频制作进阶案例实训。

本书主要具有以下特色。

● **案例主导，边学边练**：本书以剪映专业版为操作平台，提供大量短视频后期剪辑制作的精彩案例，并详细介绍案例的操作过程与方法技巧，以使读者通过案例演练真正达到一学即会、融会贯通的学习效果。

● **强化应用，注重技能**：本书秉承"以应用为主线，以技能为核心"的宗旨，强调学、做一体化，每个案例操作环节都配有图文结合的步骤解析，每章均设有"课后练习"板块，让读者在学中做、在做中学，学做合一。

● **资源丰富，拿来即用**：本书提供丰富的立体化教学资源，包括慕课视频、PPT课件、教学大纲、电子教案、课程标准等，选书教师可以登录人邮教育社区（www.ryjiaoyu.com）下载并获取相关资源。

前言
Foreword

● 全彩印刷，品相精美：为了让读者更清晰、更直观地观察短视频剪辑的过程和效果，本书采用全彩印刷，版式精美，让读者在赏心悦目的阅读体验中快速掌握短视频剪辑的各种关键技能。

本书由张建强、徐海侠担任主编，由孟禹彤、陈灵诚担任副主编。尽管我们在编写过程中力求准确、完善，但书中难免有疏漏与不足之处，请广大读者批评指正。

编　者

2024年5月

目录
Contents

第1章　短视频概述 ················ 1

1.1　认识短视频 ···················· 2
   1.1.1　短视频的含义 ············· 2
   1.1.2　短视频的特点 ············· 2
   1.1.3　短视频的类型 ············· 3

1.2　短视频的发展 ·················· 5
   1.2.1　短视频发展的驱动因素··· 5
   1.2.2　短视频的发展现状 ········ 6
   1.2.3　短视频的主流平台 ········ 7

1.3　短视频的变现模式 ············ 9
   1.3.1　广告变现 ················· 9
   1.3.2　电商变现 ················ 10
   1.3.3　知识变现 ················ 10
   1.3.4　平台签约 ················ 10
   1.3.5　直播变现 ················ 11

1.4　短视频的创作流程 ··········· 11
   1.4.1　组建团队 ················ 11
   1.4.2　选题策划 ················ 12
   1.4.3　脚本撰写 ················ 12
   1.4.4　视频拍摄 ················ 13
   1.4.5　视频剪辑 ················ 13
   1.4.6　发布运营 ················ 14

课堂实训 ·························· 14
课后练习 ·························· 14

第2章　短视频拍摄基础 ······ 15

2.1　短视频拍摄的技术要点 ····· 16

   2.1.1　画面防抖 ················ 16
   2.1.2　视频收音 ················ 16
   2.1.3　运用光线 ················ 17
   2.1.4　运用景别和视频构图 ··· 17
   2.1.5　视频运镜 ················ 20
   2.1.6　拍摄成组镜头 ············ 22

2.2　使用手机拍摄短视频 ········ 23
   2.2.1　设置视频拍摄功能 ······· 23
   2.2.2　设置对焦与曝光 ········· 24
   2.2.3　使用专业模式拍摄 ······· 25
   2.2.4　使用大光圈模式拍摄 ···· 29
   2.2.5　拍摄慢动作视频 ········· 29
   2.2.6　拍摄延时摄影视频 ······· 31

2.3　使用相机拍摄短视频 ········ 32
   2.3.1　设置视频格式 ············ 32
   2.3.2　曝光设置 ················ 33
   2.3.3　对焦设置 ················ 34
   2.3.4　白平衡设置 ·············· 35
   2.3.5　颜色设置 ················ 35
   2.3.6　设置快/慢动作视频 ····· 36

课堂实训 ·························· 37
课后练习 ·························· 37

**第3章　短视频剪辑快速
入门** ······················· 38

3.1　短视频剪辑的思路和要点 ··· 39
   3.1.1　短视频剪辑的思路 ········ 39
   3.1.2　短视频剪辑的要点 ········ 39

3.2　认识剪映专业版工作环境 ··· 40

目录
Contents

3.2.1 认识剪映专业版初始
界面 ———————— 40
3.2.2 认识剪映专业版剪辑
界面 ———————— 40

3.3 剪映专业版的基本剪辑功能 —— 44
3.3.1 导入与剪辑素材 —— 44
3.3.2 短视频基础调整 —— 46
3.3.3 短视频调色 —————— 49
3.3.4 添加视频效果 ———— 50
3.3.5 添加字幕 ——————— 53
3.3.6 导出短视频 ————— 54

3.4 剪映专业版的其他特色功能 —— 56
3.4.1 文字成片 ——————— 56
3.4.2 创作脚本 ——————— 56
3.4.3 一起拍 ———————— 57
3.4.4 模板 ————————— 59
3.4.5 团队协作 ——————— 60

课堂实训 ————————— 61
课后练习 ————————— 62

第4章 调整画面效果 ———— 63

4.1 运用滤镜调色 —————— 64
4.1.1 常用的滤镜 ————— 64
4.1.2 调出复古港风色调 —— 66
4.1.3 调出赛博朋克色调 —— 67

4.2 短视频调色 ——————— 68
4.2.1 短视频调色原理 —— 69
4.2.2 基础调节 ——————— 69
4.2.3 HSL调色 ——————— 70

4.2.4 曲线调色 ——————— 71
4.2.5 色轮调色 ——————— 71
4.2.6 调出森系小清新色调 —— 72
4.2.7 调出青橙电影色调 ——— 73

4.3 使用蒙版与混合模式 ——— 74
4.3.1 认识蒙版 ——————— 74
4.3.2 认识混合模式 ———— 76
4.3.3 制作双重曝光效果 —— 78
4.3.4 制作夜景开灯效果 —— 78

4.4 抠图与关键帧 —————— 80
4.4.1 认识抠图 ——————— 80
4.4.2 认识关键帧 ————— 81
4.4.3 制作人物穿越文字
效果 ———————— 81

4.5 曲线变速、定格与倒放 —— 82
4.5.1 认识曲线变速、定格与
倒放 ———————— 82
4.5.2 制作人物出场介绍
效果 ———————— 84

课堂实训 ————————— 85
课后练习 ————————— 86

第5章 添加转场与特效 —— 87

5.1 认识转场 ———————— 88
5.1.1 认识技巧性转场 —— 88
5.1.2 认识非技巧性转场 —— 89
5.1.3 常见的转场效果 —— 90

5.2 添加转场 ———————— 93
5.2.1 使用自带转场效果 —— 94

目录
Contents

5.2.2 制作遮罩转场效果 ········· 95
5.2.3 制作建筑抠像转场效果··· 96
5.2.4 制作多屏卡点转场
　　　效果 ····················· 98

5.3 认识特效 ··························· 100
5.3.1 特效的作用 ················· 100
5.3.2 常见的画面特效 ········· 101
5.3.3 常见的人物特效 ········· 103

5.4 添加特效 ··························· 105
5.4.1 制作季节转换特效 ····· 105
5.4.2 制作变焦动感特效 ····· 106
5.4.3 制作丁达尔光线特效··· 108
5.4.4 制作人物"灵魂出窍"
　　　特效 ····················· 109

课堂实训 ··································· 111
课后练习 ··································· 111

第6章　添加音频与字幕 ·····112

6.1 添加音频 ··························· 113
6.1.1 选择背景音乐的技巧··· 113
6.1.2 添加音乐库音乐 ········· 114
6.1.3 添加抖音收藏的音乐··· 115
6.1.4 添加本地音乐 ············· 115
6.1.5 使用文本朗读添加
　　　配音 ····················· 115
6.1.6 录制声音 ····················· 116
6.1.7 添加音效 ····················· 116

6.2 编辑音频 ··························· 117
6.2.1 设置声音效果 ············· 117

6.2.2 制作氛围感Vlog ········· 118

6.3 添加字幕与贴纸 ··············· 119
6.3.1 添加与编辑文本 ········· 119
6.3.2 制作花字效果 ············· 120
6.3.3 添加贴纸 ····················· 121
6.3.4 智能识别字幕与歌词··· 121

6.4 制作文字效果 ··················· 122
6.4.1 制作文字消散效果 ····· 122
6.4.2 制作镂空文字效果 ····· 125
6.4.3 制作高级感大字幕
　　　效果 ····················· 127

课堂实训 ··································· 129
课后练习 ··································· 129

第7章　短视频的导出与
　　　　发布 ··················· 130

7.1 制作片头 ··························· 131
7.1.1 使用模板制作片头 ····· 131
7.1.2 制作多屏开场片头 ····· 131

7.2 制作片尾 ··························· 134
7.2.1 制作引导关注片尾 ····· 134
7.2.2 制作电影感片尾 ········· 135

7.3 导出短视频 ······················· 137
7.3.1 制作短视频封面 ········· 137
7.3.2 短视频导出设置 ········· 138

7.4 短视频优化与发布 ··········· 139
7.4.1 短视频的优化 ············· 139

目录
Contents

7.4.2 短视频的发布 ······ 141

课堂实训 ······ **143**
课后练习 ······ **143**

第8章 短视频制作基础案例实训 ······ 144

8.1 制作动态相册短视频 ······ **145**
8.1.1 素材的选取 ······ 145
8.1.2 动态相册短视频剪辑思路 ······ 145
8.1.3 制作儿童动态相册短视频 ······ 145

8.2 制作记录生活Vlog ······ **149**
8.2.1 素材的选取 ······ 149
8.2.2 记录生活Vlog剪辑思路 ······ 150
8.2.3 制作记录海岛旅行Vlog ······ 151

8.3 制作山水风景短视频 ······ **158**
8.3.1 素材的选取 ······ 158
8.3.2 山水风景短视频剪辑思路 ······ 159
8.3.3 制作桂林山水风景短视频 ······ 160

8.4 制作文艺故事短视频 ······ **164**
8.4.1 素材的选取 ······ 164
8.4.2 文艺故事短视频剪辑思路 ······ 165

8.4.3 制作清新文艺风短视频 ······ 166

课堂实训 ······ **172**
课后练习 ······ **172**

第9章 短视频制作进阶案例实训 ······ 173

9.1 短视频的粗剪 ······ **174**
9.1.1 整理素材 ······ 174
9.1.2 撰写短视频脚本 ······ 174
9.1.3 粗剪视频素材 ······ 176
9.1.4 剪辑背景音乐 ······ 178
9.1.5 添加旁白 ······ 178

9.2 短视频的精剪 ······ **179**
9.2.1 添加音效 ······ 179
9.2.2 制作视频转场效果 ······ 180
9.2.3 制作拍照动画效果 ······ 183

9.3 短视频的调色 ······ **186**
9.3.1 短视频基础调色 ······ 186
9.3.2 电影感调色 ······ 187

9.4 短视频的包装 ······ **187**
9.4.1 添加旁白字幕 ······ 188
9.4.2 制作标题字幕 ······ 188
9.4.3 设置封面并导出短视频 ······ 189

课堂实训 ······ **191**
课后练习 ······ **192**

第 1 章
短视频概述

【知识目标】

➤ 了解短视频的含义与特点。
➤ 掌握短视频的常见类型与变现模式。
➤ 了解短视频的发展现状与主流平台。
➤ 掌握短视频的创作流程。

【能力目标】

➤ 能够分析短视频的类型和变现模式。
➤ 能够描述短视频的创作流程。

【素养目标】

➤ 坚持社会主义核心价值观，把握短视频行业发展的正确方向。
➤ 响应国家创新驱动发展战略，推进短视频行业健康发展。

　　如今短视频已经完全融入了人们的生活，成为人们记录、传播和交流信息的重要工具与载体。随着短视频的发展，短视频平台日益增多，越来越多的人涌入短视频行业，进一步助推了短视频的发展。本章将引领读者一起认识短视频，了解短视频的发展、变现模式和创作流程等。

1.1 认识短视频

随着互联网的不断发展，短视频已经融入人们的日常生活，成为人们获取信息、享受服务、互动交流、学习娱乐的重要工具。据统计，截至2023年6月，我国短视频用户已达10.26亿，用户使用率高达95.2%，真所谓"无视频，不网络"，可以说短视频迎来了快速发展的时代。

1.1.1 短视频的含义

短视频即短片视频，是一种互联网内容传播方式，泛指在各种新媒体平台上播放的、适合在移动状态和短时休闲状态下观看的、高频推送的视频内容，播放时长从几秒到几分钟不等。由于内容简短，短视频可以单独成片，也可以成为系列栏目。

如今，短视频已经发展成一种非常流行的信息传播形式。创作者可凭借高质量的短视频吸引更多的用户，传达其观点和价值观。

1.1.2 短视频的特点

与传统视频相比，优质短视频所表现出来的特点如下。

1. 内容精

由于短视频的时长短，创作者必须确保其内容精准，能够快速吸引用户的注意力。创作者在创作短视频时要省去冗长的叙述，精心策划主题内容，以简单、直接的方式传达思想观点与价值观，使用户在短时间内获得丰富的信息。主题明确、内容简洁的短视频会更受用户的欢迎。

2. 节奏快

短视频制作通常采用快速剪辑和动态特效，并融合音乐、字幕等元素，使观看体验更佳。这种快节奏的呈现方式能够迅速引起用户的观看兴趣，并持续吸引他们的注意。

3. 创意足

短视频中的创意是吸引用户的关键。通过独特的故事情节、不同的视角、搞笑的元素、契合的音乐等，短视频能够给用户带来新奇、有趣的视觉体验，让用户产生情感共鸣，吸引用户观看。创意十足的短视频能够给用户带来强烈的视觉冲击力和情感震撼，激发用户的分享欲望。

4. 类型多

短视频的类型丰富多样，涵盖舞蹈、美食、旅行、教育等各个领域，其多样性使短视频能够满足不同用户的需求。同时，创作者还可以通过制作动画和特效、快速剪辑、跳跃式剪辑等多种方式提升短视频的趣味性，以更好地吸引用户的注意。

5. 追求美

短视频非常注重画面的美感和观赏性。在制作过程中，创作者借助独特的拍摄、剪辑、配乐、调色等手法，创作出新颖的短视频，从而给用户带来独特的视觉体验，让用户留下深刻的印象。制作精良、富有美感的短视频很容易在视频平台中脱颖而出，受到用户的喜爱与好评。

6. 互动好

短视频具备方便、快捷的社交分享功能，用户可以将自己喜欢的短视频随时分享到社交媒体平台上，与朋友互动、讨论。这种良好的互动性为短视频的传播提供了强大的动力，使优质的短视频能够迅速获得巨大的流量和极高的曝光度。

↘ 1.1.3　短视频的类型

随着短视频行业的快速发展，短视频内容日益丰富，类型多种多样，既可以满足广大用户的娱乐消遣需求，又可以满足用户的信息搜索需求和学习需求。根据用户的不同需求，短视频可以分为三大类，即娱乐类、生活类和知识类。

1. 娱乐类

娱乐类短视频是数量最多、范围最广的一类短视频，它能给人们带来欢乐，缓解紧张的情绪，使人们心情愉悦。凡是能够满足人们休闲娱乐需求的短视频都属于娱乐类短视频，其类型包括短剧类、搞笑类、才艺类、萌娃/宠物类等。

（1）短剧类

短剧类短视频多以故事型创意为主，通过人物表演吸引用户关注，通常具有较高的点击量和浏览量，如图1-1所示。

（2）搞笑类

搞笑类短视频通过出镜者夸张的表情、诙谐的台词、滑稽的动作，以及自嘲、调侃等演绎方式，使人开怀大笑，暂时忘却所有烦恼。

（3）才艺类

很多短视频创作者通过展示自身的才艺，如唱歌、跳舞、绘画、书法、演奏等，收获用户的关注和喜爱。才艺类短视频能够满足用户欣赏、模仿、学习的需求，使用户产生钦佩和崇拜感，很容易吸引大批的粉丝。

（4）萌娃/宠物类

萌娃/宠物类短视频也是备受用户欢迎的娱乐类短视频。宝贝天真可爱的生活日常、宠物憨态可掬的表情或行为，这些温暖、"治愈"的画面能够很好地缓解人们紧张的情绪，抚慰人们的心灵。宠物类短视频如图1-2所示。

图1-1　短剧类短视频　　　　　　　　图1-2　宠物类短视频

2. 生活类

生活类短视频是以真实生活为创作素材，以真人真事为表现对象的短视频类型。这类短视频覆盖范围广，素材多，内容生活化、接地气，而且容易创作，因此受到创作者和用户的双重欢迎。生活类短视频主要包括美食类、美妆类、旅行类等。

（1）美食类

美食类短视频的受众非常广，内容以美食制作、美食展示、美食测评、美食探店为主，如图1-3所示。

（2）美妆类

美妆类短视频一直深受爱美人士的欢迎。这类短视频以展示潮流、时尚和美丽为主，内容包括美容护肤、时尚穿搭、美妆、美发等。

（3）旅行类

除了平淡的生活，很多人还追求"诗和远方"，"来一场说走就走的旅行"成了他们迫切的愿望。不管是徒步游、单车游，还是自驾游，创作者把旅途中的景点和见闻制作成视频分享到不同的平台，能收到一大批粉丝的关注和点赞。旅行类短视频如图1-4所示。

图1-3　美食类短视频

图1-4　旅行类短视频

3. 知识类

知识类短视频主要教授用户一些知识和技能，如办公知识、摄影知识、育儿知识、法律知识、投资理财知识、生活技能等。这类短视频实用性和实操性极强，能够满足用户学习的需求。此类短视频兼具知识的专业性和实用性，且受众面非常广，因此非常适合在短视频平台传播。

知识类短视频涉及的内容主要包括以下几个方面。

（1）科学知识。科学知识涵盖的范围广，主要类型有自然科学知识（数理化等学科）、科学技术知识（航天技术等）及科幻探索类科学知识等，如图1-5所示。

（2）人文知识。人文知识涉及文学、历史、哲学、心理学、法律、艺术、美学等。

（3）财经知识。财经知识主要包括商业资讯解读、商业人物、投资理财知识等。

（4）读书书评。读书书评主要包括图书、有声书的内容解读。用户通过这些解读，可以大体了解相应内容和价值，有利于用户选择适合自己的图书。

（5）技能分享。技能分享类短视频可谓包罗万象，内容包括书法、绘画、摄影等，几乎任何一技之长都可以成为该类型短视频的内容素材。技能分享类短视频如图1-6所示。

（6）影视科普。影视科普主要包括影视剧的幕后信息补充、影视行业分析、影视理论科普等知识。

图1-5 科学知识类短视频

图1-6 技能分享类短视频

1.2 短视频的发展

目前，短视频行业的发展速度逐渐放缓，从早期爆发式增长过渡到当下的高质量发展，逐渐进入存量优化、提质增效的新发展阶段。

1.2.1 短视频发展的驱动因素

短视频的发展受到多方面因素的共同驱动，其驱动因素主要有以下几个。

1. 用户端驱动

相对于长视频，短视频内容简洁、结构紧凑，可以更好地满足用户快速获取信息和学习娱乐的需求。而其易操作的属性也便于用户随时随地录制生活点滴与他人实时分享，这种高度互动参与的特点使大量用户主动成为创作者，为短视频行业带来极大数量的优质内容输出。短视频内容的不断丰富，使用户黏性进一步增强，为用户留存奠定了坚实的基础。

2. 创作端激发

短视频创作门槛低，人人可参与，为每位用户提供了实现个人梦想的机会。短视频具有互动性强、参与度高的特点，每位用户都可以记录分享自己的生活，或者表达自己的思想与观点。一些具有影响力的创作者通过优秀作品吸引一定规模的粉丝群体后，不仅能够获得与商家合作的机会，实现短视频变现，还能够引导更多潜在用户涌入短视频创作的行列，从而不断扩大短视频的用户规模，推动短视频不断发展。

3. 政策引导

随着短视频的发展，国家相关部门不断建立健全短视频的监督管理办法与渠道。一方面端正短视频创作者的价值观念，强化红线意识，树立正确的价值观，引导短视频创作规范有序发展；另一方面从创作到发布，从过程监管到源头制作，环环相扣，保护原创作品，为短视频创作与传播保驾护航。

未来，还将提高短视频的创作门槛，引导短视频创作者规范创作，促使短视频行业健康高质量发展，让短视频既有流量，又满含正能量。

4. 技术支持

随着移动互联网等信息技术的迅速发展，短视频以大数据和智能算法为基础的精准分发被广泛应用。短视频平台利用5G、大数据、人工智能等前沿技术，通过智能算法使短视频传播更迅速、精准、垂直和智能化，从而不断增强短视频的传播力与竞争力。同时，一些新技术、新应用使短视频创作向高效、高质量、智能化方向发展，因此不断吸引更多的创作者涌入短视频行业中。

5. 资本青睐

与传统营销相比，短视频营销目标更精准，营销效果更好。相较于静态广告，短视频可以通过精彩的视听内容进行产品宣传或消费理念传播，也可以利用线上达人积累的粉丝资源进行有针对性的推广。

短视频让企业或品牌商可以更精准地吸引目标用户。基于此，大量企业或品牌商也纷纷涌入短视频行业，期待在这高效的新型运营平台上获取商业价值，这也进一步助推了短视频行业的快速发展。

↘ 1.2.2 短视频的发展现状

短视频的发展现状主要体现在以下几个方面。

1. 用户结构全民化，行业格局逐步稳固

从整体来看，短视频用户规模仍然稳中有升，用户结构渐趋合理，行业发展格局逐渐稳固。短视频用户的结构日趋稳定，各年龄段占比逐渐趋同于网民年龄结构。50岁及以上的"银发群体"用户的占比稳定在1/4以上，短视频用户的年龄结构从早期的年轻化演变为当下的"银龄化"，用户群体的结构组成趋于全民化。

从行业发展的整体分布格局来看，抖音、快手作为短视频头部平台的行业地位持续强化。从用户规模看，这两大平台用户数量明显高于其他短视频平台，且市场集中度逐步提高。

2. 媒体深度融合，主流媒体与短视频平台互动发展

在媒体深度融合进程中，主流媒体与短视频平台相互借力、互动发展。一方面，短视频平台凭借"短视频＋直播"成为重大热点新闻事件的传播渠道，短视频平台的主流化趋势日益凸显；另一方面，主流媒体的短视频转向纵深发展，新闻短视频成为主流媒体内容创作、传播创新的重要手段。主流媒体凭借权威的信息渠道、广泛的社会影响力和公信力，以内容优质的新闻短视频吸引用户的注意，短视频的传播效能得到充分的释放。

短视频逐渐成为社会公众获取新闻资讯和主流媒体进行舆论宣传的重要阵地。主流媒体纷纷自建短视频平台，入驻其他短视频平台，创新短视频内容产品，提升短视频运营能力，以提升舆论引导与主流价值引领的效能。未来，移动端创新、主旋律弘扬、主流化传播都离不开主流媒体的短视频内容生产和短视频产品创新。

3. 拓展短视频内容边界，微短剧发展步入新赛道

长短视频平台从竞争博弈走向合作共赢，短视频与长视频不断进行形式、内容、技术与结构的补充和适配，推动视频结构适应多平台传播与运营，长短视频生态共建的模式日渐成熟。

内容新颖、形式多元、篇幅短小、节奏紧凑的网络微短剧在政策扶持等多维驱动下成为视频发展的新业态。各短视频平台逐渐嵌入网络微短剧市场格局。2022年10月至2023年8月，抖音平台上线短剧455部，快手平台上线214部，内容题材涉及青春、都

市、家庭、悬疑等。网络微短剧的异军突起为短视频行业生态注入了新活力。

4. 垂直细分纵深推进，场景建构凸显社会价值

短视频逐渐渗透到社会公众生活的不同场景应用中。短视频以不断拓展的垂直应用场景为社会公众提供不同侧面、不同类别、不同层面的服务与体验，成为社会公众媒介使用、多元互动的重要渠道。垂直化、细分化、场景化的结构布局，使短视频逐渐超越社交媒体成为一种"强连接"手段，有效连接用户与社会。

现阶段，短视频发展仍存在诸多问题，面临众多挑战。短视频行业进入存量维系后市场竞争加剧。在用户层面，未成年人短视频沉迷防范任务依旧艰巨；在内容层面，对导向不良的内容的审核机制有待完善；在营收层面，亟待挖掘增量与增效空间。未来的短视频发展需要坚持以内容为本、传播主流价值、重视用户需求，并增强场景适配，充分利用技术赋能拓展行业布局。

1.2.3 短视频的主流平台

随着短视频行业的持续发展，一大批短视频平台涌现。目前，短视频的主流平台有抖音、快手、微信视频号、哔哩哔哩等。

1. 抖音

抖音是一款非常受欢迎的短视频应用软件，它属于北京抖音信息服务有限公司，最开始是一款音乐创意短视频社交软件，于2016年9月上线，是帮助用户表达自我、记录美好生活的音乐短视频平台。

抖音除了最基本的浏览视频、录制视频的功能外，为了避免人们长时间观看短视频而出现审美疲劳，还推出了直播、电商等功能，不断探索新的商业模式。2023年，抖音日活跃用户数已突破10亿。

抖音默认打开"推荐"页面（见图1-7），用户只需用手指轻轻一划，系统就会播放下一条短视频，为用户打造沉浸式娱乐体验。抖音利用智能算法，基于用户观看行为构建用户画像，形成个性化推荐机制。抖音以其独特的音乐和创意性优质内容吸引了大量年轻用户，成为全球最受欢迎的短视频平台之一。

2. 快手

快手是北京快手科技有限公司旗下的短视频软件，其前身是GIF快手，创建于2011年3月，是用于制作和分享GIF图片的一款App。2012年11月，GIF快手从纯粹的应用工具转型为短视频社区，成为记录和分享生活的平台，并于2013年正式更名为快手。

快手以其简单易用的特点吸引了大量用户，成为中国最受欢迎的短视频平台之一。在快手上，用户可以观看各种类型的短视频，内容包括生活、音乐、舞蹈、游戏、搞笑等，同时也可以分享自己创作的短视频作品。图1-8所示为快手首页"发现"页面。

快手在发展过程中并没有采取以名人和KOL（Key Opinion Leader，关键意见领袖）为中心的战略，而采用去中心化的普惠分发方式，目的是让平台上的所有人都敢于表达自我。快手依靠短视频社区自身的用户和内容运营，聚焦于打造社区文化氛围，依靠社区内容的自发传播，促使用户数量不断增长。

图1-7　抖音首页"推荐"页面　　图1-8　快手首页"发现"页面

3．微信视频号

微信视频号是腾讯公司官微于2020年1月22日正式宣布开启内测的平台。微信视频号不同于订阅号、服务号，它是一个全新的内容记录与创作平台，也是一个了解他人、了解世界的窗口。视频号首页"推荐"页面如图1-9所示。

微信视频号成为微信生态重要的链接板块，它打通了原本零散的公众号、朋友圈、小程序、直播等产品矩阵，使其相互链接导流。以微信视频号为核心的微信生态形成了更强大的生态体系，为短视频营销带来新一波红利。

4．哔哩哔哩

哔哩哔哩于2009年6月创建，现为国内年轻用户高度聚集的文化社区和视频平台。哔哩哔哩最初专注于垂直细分的"二次元"领域，目前已逐渐发展为多领域的短视频与长视频综合平台。图1-10所示为哔哩哔哩首页"推荐"页面。

图1-9　微信视频号首页"推荐"页面　图1-10　哔哩哔哩首页"推荐"页面

哔哩哔哩的高品质内容和独特的社区体验持续推动用户增长。截至2023年9月30日，财报显示哔哩哔哩日均活跃用户数达1.03亿，月均活跃用户数也再创新高至3.41亿，用户日均使用时长首次超过100分钟。

弹幕是哔哩哔哩平台的一大特色，能够构建出一种奇妙的共时性关系，营造出一种虚拟的部落式观影氛围，让平台成为极具互动分享特性和二次创造特性的文化社区。哔哩哔哩的用户群体以"90后""00后"为主，且用户的忠实程度非常高。哔哩哔哩用兴趣链接用户，以视频作为信息载体加深彼此关系，并依靠不同的品类内容吸引不同用户，让"短视频+长视频"成为短视频创作者传递价值的通用形式。

1.3 短视频的变现模式

随着短视频的发展，越来越多的人涌入短视频行业，短视频创作者不断探索短视频多样化的变现模式。大部分短视频创作者的最终目标是通过短视频创作与运营实现商业变现。目前，短视频的变现模式主要有以下几种。

1.3.1 广告变现

广告变现是目前短视频领域最常用的商业变现模式，一般按照粉丝数量或浏览量结算。广告变现有两种方式：一种是与品牌商合作，由品牌商提供广告费；另一种是通过平台提供的广告分成机制，将广告费按照一定比例分成给短视频创作者。无论是哪种方式，短视频创作者都需要有一定的粉丝基础和影响力，才能够吸引品牌商的关注，得到投放广告的机会。

短视频广告分为植入广告、贴片广告、信息流广告和品牌广告等。

（1）植入广告

植入广告是指把商品或服务具有代表性的视听品牌符号融入短视频内容中，将广告信息与短视频内容相结合，给用户留下深刻印象，以达到营销目的。植入广告的方式有多种，如台词植入、剧情植入、场景植入、道具植入、音效植入及奖品提供等。

（2）贴片广告

贴片广告指在用户观看短视频的必经路径上展示广告视频，以实现营销目的。贴片广告给用户带来的视觉冲击力非常强，但通常会影响用户的观看体验，因此容易引起用户的反感。

（3）信息流广告

将广告视频和短视频平台推荐的视频混合在一起，当用户浏览平台推荐的短视频时，就会看到此类广告，这样的广告就叫信息流广告。抖音信息流广告采用竖屏全屏的展现样式，可以给用户带来更好的视觉体验，同时通过账号关联强势聚集粉丝。信息流广告不仅支持分享与传播，还支持多种广告样式和效果优化方式。

（4）品牌广告

品牌广告一般是指以品牌为中心，为企业量身定做的专属广告。这种广告从品牌自身出发，以展现企业的品牌文化、理念为主旨。为了打动消费者，给消费者留下深刻的品牌印象，品牌广告一般会做得比较有内涵、有感情，力求自然、生动，创作难度较高，因此其制作费用也相对较高。

↘ 1.3.2　电商变现

电商变现是指通过短视频向用户推荐商品或者服务，从而实现销售和获得收益的一种变现方式。这种方式要求短视频创作者具备一定的商品知识和销售技巧，能够在短视频中清晰地介绍商品的特点和优势，进而吸引用户购买。

电商变现主要包括两种模式。

（1）自营品牌电商化

自营品牌电商化是品牌商或者个人经营者售卖自己的产品。有不少短视频平台为短视频创作者提供了商品橱窗功能，短视频创作者可以通过开通商品橱窗进行商品展示，在发布短视频作品时可以将商品链接直接添加在其中，用户在观看短视频的过程中就可以随时点击链接下单购买。

（2）平台模式电商化

平台模式电商化就是短视频创作者与品牌商合作，以短视频作为流量入口，通过售卖品牌商的商品赚取佣金。

电商变现可以为短视频创作者带来稳定的收益，同时可以改善用户的购物体验，增强他们的消费意愿。电商变现可以将短视频创作者的粉丝转化成消费者，是一种更加清晰直接的变现渠道，可以让短视频创作者从销售提成或佣金中获取相应的收益。对于有一定销售能力的人，电商变现非常有前景和潜力。

↘ 1.3.3　知识变现

知识变现是指短视频创作者通过短视频向用户传授专业知识或提供技能培训，从而获得收益的一种变现方式。这种方式要求短视频创作者具备一定的专业能力和教学经验，能够在短视频中清晰地传授知识和技能，并且能够引导用户进行学习和实践。知识变现可以为短视频创作者带来较高的收益，同时向用户传授知识。

从内容来看，知识变现的形式又可细分为两大类：一类是短视频付费观看，包括教学课程收费，以及开通会员观看等形式；另一类是对细分专业咨询进行付费，例如法律咨询。一部分短视频创作者利用短视频的低门槛开设账号，对一些生活中常用到的法律知识进行讲解，同时提供专业咨询的网站链接，将用户引流到专业网站进行互动，视情况收费，进而完成转化。

↘ 1.3.4　平台签约

随着短视频的发展，短视频平台层出不穷，为了有更强的市场竞争力，很多平台纷纷开始与短视频创作者签约独播。签约独播是指短视频平台向短视频创作者支付一笔费用，与其签订法律合同，使该短视频创作者的所有短视频都必须在此短视频平台上独家播放。

成功签约后，短视频平台会对短视频创作者在内容创作、运营、拍摄等方面给予更多的支持和指导，同时会将流量更多地向短视频创作者倾斜。签约的短视频创作者在分成比例上有更大的占比，但签约平台对短视频创作者的各项专业能力都有较高的要求。

对短视频创作者来说，签约独播的优势在于能够直接获得一大笔收益，并在一段时间内有稳定的内容输出渠道；劣势是从长远来看，单一的流量渠道可能限制短视频的传播，从而导致经济收益减少。

目前，各大短视频平台（如抖音、快手、西瓜视频、点淘等）为了吸引优质短视频创作者入驻，会向其提供现金奖励和流量扶持。但这种方式比较适合运营成熟、粉丝众多的短视频创作者。签约独播是实现短视频变现要求较高的一种模式，短视频创作者需要在前期进行较多的准备。

1.3.5 直播变现

短视频创作者通过短视频运营积累一定数量的粉丝后，就可以进行直播带货。直播变现是目前很常见的短视频变现模式之一，而且这种变现模式会逐渐成为短视频的主流变现模式。在短视频平台上，短视频创作者通过直播向用户展示真实的商品。短视频创作者在用户群体中的超高人气和信誉是促成商品交易的重要因素。

无论是哪种变现模式，都需要以流量为基础。只有获得流量才能实现赢利，而要获得流量，就必须对短视频创作有更高的要求，也就是说，优质内容才是短视频变现的根本。短视频变现的模式多种多样，短视频创作者需要根据自己的实际情况选择适合自己的变现模式。

1.4 短视频的创作流程

短视频创作并不是一蹴而就的，而是要有目的、有计划地按步骤进行。短视频的一般创作流程包括组建团队、选题策划、脚本撰写、视频拍摄、视频剪辑和发布运营。要想创作出优质的短视频，创作者需要遵循短视频的一般创作流程。

1.4.1 组建团队

组建团队是短视频创作前期的筹备工作。短视频创作者需要根据自己的实际情况确定团队的规模。短视频创作团队通常包括导演、编剧、演员、摄像、剪辑、运营人员等。为了节约成本，很多短视频创作团队仅由两三个人组成，每个人都身兼数职。

团队人员需要明确自己的工作职责，具体如下。

● 导演需要根据脚本对短视频的内容情节、场景安排、道具灯光和镜头设计等进行策划，设计好拍摄使用的分镜头脚本。导演还要负责拍摄工作的现场调度和管理，安排好演员、服装道具、食宿交通和拍摄剪辑日程等方面的事宜。

● 编剧的工作主要是确定选题，搜寻热点话题并撰写脚本。编剧需要根据短视频内容的类型和定位，收集和筛选短视频的选题，收集和整理短视频创意，撰写短视频脚本。

● 演员是真人类短视频创作中不可或缺的角色。演员在短视频创作团队中的主要工作职责是根据编剧创作的短视频脚本完成表演，以及在短视频创作过程中提供创意，增加短视频表现力、感染力和吸引力。

● 摄像的主要工作是搭建摄影棚，确定短视频拍摄风格及拍摄短视频等。专业的摄像在拍摄时会采用独特的手法，使短视频呈现出独特的视觉感官效果和有质感的画面。

● 剪辑需要对最后的成片负责，其主要工作是把拍摄的短视频内容素材组接成完整的视频，配音配乐、添加字幕文案、为视频调色以及制作特效等。

● 运营人员的工作主要是针对不同平台及用户的属性，通过文字引导提升用户对短视频内容的期待度，尽可能提高短视频的完播量、点赞量和转发量，进行用户反馈管理及评论维护。

短视频团队的规模通常由预算和内容定位决定。例如，资金充足时可以组建分工明确的多人高配团队；如果资金不足，且拍摄内容简单，也可由一人完成短视频的创作。

↘ 1.4.2 选题策划

短视频选题要符合账号定位，从目标用户的痛点、兴趣点出发。短视频创作者策划选题时需要重点考虑从什么角度切入。具体来说，可以采取以下几种切入方法。

1. 从定位切入

从定位切入是指根据账号定位、"人设"定位来策划选题，这有助于强化人设。例如，定位于带货的短视频，其通常与商品相关。

2. 从热点切入

从热点切入是指利用热点事件、热点话题、热点视频来策划选题，这也是打造爆款短视频最常用、最有效的方法之一。创作者需要注意内容的垂直度，结合账号定位、内容特点来策划热点选题。

3. 从主题切入

从主题切入是指针对目标人群的痛点、问题等策划系列视频的选题。这类选题的针对性强，而且短视频系列之间可以相互引流，所以比较容易出"爆款"。

↘ 1.4.3 脚本撰写

脚本通常是指表演戏剧、拍摄电影等所依据的底本或书稿的底本，而短视频脚本是指介绍短视频的详细内容和具体拍摄工作的说明书。拍摄短视频前，短视频创作者需要进行内容策划、剧本编写，并撰写出提纲脚本、分镜头脚本、文学脚本等，完成从创意到文字符号再到视听语言的转变，随后根据脚本内容进行拍摄准备，包括拍摄场地、演员、道具、服装、拍摄设备等方面的准备。

短视频脚本包括提纲脚本、分镜头脚本和文学脚本，不同脚本适用于不同类型的短视频。分镜头脚本适用于有剧情且故事性强的短视频，其内容丰富而细致，需要投入较多的精力和时间。而提纲脚本和文学脚本则更有个性，对创作的限制不多，能够给短视频拍摄留下更大的发挥空间。

1. 提纲脚本

提纲脚本涵盖短视频的各个拍摄要点，通常包括对主题、视角、题材形式、风格、画面和节奏的阐述。提纲脚本对拍摄只能起到一定的提示作用，适用于一些不容易提前掌握或预测的内容。在当下主流的短视频创作中，新闻类、旅行类短视频就经常使用提纲脚本。

2. 分镜头脚本

分镜头脚本主要以文字的形式直接表现不同镜头的短视频画面。分镜头脚本的内容更加精细，能够表现前期构思时对视频画面的构想。因为分镜头脚本用文字内容表现镜头画面，所以撰写起来比较耗费时间和精力。通常分镜头脚本的主要内容包括景别、拍摄方式（镜头运用）、画面、内容、台词、音效和时长等。

3. 文学脚本

在撰写文学脚本时，短视频创作者通常只需写明短视频中的主角要做的事情或任务、所说的台词和整条短视频的时间长短等。简单来说，文学脚本的主要内容包括故事的人物、事件、地点等。文学脚本一般仅为故事的梗概，可以为导演、演员提供帮助，但对摄像和剪辑工作没有多大的参考价值。常见的教学、评测和营销类短视频经常采用文学脚本。

↘ 1.4.4　视频拍摄

视频拍摄是短视频创作过程中最重要的阶段，起着承上启下的作用。视频拍摄是在前期筹备的基础上进行的，旨在为后面的视频剪辑提供充足的视频素材。

视频拍摄阶段的主要工作人员是导演、摄像和演员。导演负责安排和引导演员和摄像的工作，并处理拍摄现场的各项工作；摄像则负责根据导演和脚本的安排，拍摄好每一个镜头；演员需要在导演的指导下，完成脚本中设计的所有表演。另外在拍摄过程中，诸如灯光、道具和录音等方面的工作人员也要全力配合。

在视频拍摄过程中，摄像要注意画面构图与光线的运用，拍摄出的画面要简洁明了，主次分明，给人赏心悦目之感。摄像要考虑好采用哪种拍摄表达手法，场景、机位的摆放切换，灯光的布置，以及收音设备的配置等。

为了获得更好的拍摄效果，摄像要做好拍摄前期的准备，一方面借助防抖器材，拍摄出清晰的画面；另一方面，灵活运用不同的镜头，使画面富有变化、生动有趣，以吸引用户的注意。

↘ 1.4.5　视频剪辑

在拍摄好视频之后，剪辑人员要使用专业的视频剪辑工具进行短视频素材的后期制作，包括剪辑、配音、调色、添加字幕和特效等工作，最终将短视频素材制作成完整的短视频作品。

需要注意的是，视频剪辑要按照创作主题、思路和脚本来进行。在剪辑视频前，剪辑人员要做好视频素材归类整理，构思好视频主题、风格、背景音乐等，想象视频完成后的样子，这样更便于视频剪辑的顺利进行。

视频剪辑的一般步骤如下。

（1）整理视频素材

剪辑人员对拍摄的所有视频素材进行整理和编辑，按照时间顺序或脚本中设置的剧情顺序进行排序，甚至还可以对所有视频素材进行编号归类。

（2）设计工作流程

熟悉短视频脚本，了解脚本对各种镜头和画面效果的要求，再按照整理好的视频素材设计剪辑工作的流程，并注明工作重点。

（3）粗剪

粗剪就是观看所有整理好的视频素材，从中挑选出符合脚本需求、画质清晰且精美的视频画面，然后按照脚本中的剧情顺序进行重新组接，使画面连贯、有逻辑，形成第一稿成片。

（4）精剪

精剪就是在第一稿成片的基础上进行进一步的分析和比较，剪去多余的视频画面，并对视频画面进行调色，添加滤镜、特效和转场效果，以增强短视频的吸引力，进一步突出内容主题。

（5）成片

在完成短视频精剪工作后，可以对其进行一些细微的调整和优化，然后添加标题和字幕，并配上背景音乐或旁白解说，最后再为短视频添加片头和片尾，完成完整的短视频作品的制作。

↘ 1.4.6　发布运营

短视频制作完成后，运营人员要将其投放到合适的短视频平台上，以获得更多的流量和曝光。运营人员要熟知各个平台的推荐规则，同时还要积极寻求商业合作、互推合作等来拓宽短视频的曝光渠道，以增大流量。短视频发布后，运营人员还要监控短视频的各项数据，不断进行优化，这样才能使短视频在较短的时间内打入市场，吸引更多的流量，从而提升短视频账号和IP（Intellectual Property，知识产权）的知名度。

课堂实训

1. 在短视频平台至少搜集5个热门的短视频作品，分析其属于哪种类型及其表现特点。
2. 在短视频平台至少搜集3个粉丝量较多的短视频账号，分析这些账号的变现模式。
3. 思考短视频创作流程中每个阶段的任务和作用。

课后练习

1. 搜集几则自己喜欢的短视频，说一说短视频有哪些突出特点。
2. 简述短视频的变现模式有哪几种。
3. 简述策划短视频选题的切入方法。
4. 简述剪辑短视频的一般步骤。

第 2 章
短视频拍摄基础

【知识目标】

➢ 掌握短视频拍摄的技术要点。
➢ 掌握使用手机拍摄短视频的方法。
➢ 掌握使用相机拍摄短视频的方法。

【能力目标】

➢ 能够运用景别和构图拍摄短视频。
➢ 能够运镜拍摄短视频。
➢ 能够使用手机拍摄正确曝光和对焦的短视频。
➢ 能够使用手机拍摄慢动作视频和延时摄影视频。
➢ 能够使用相机拍摄正确曝光和对焦的短视频。

【素养目标】

➢ 坚持多维视角创作，在短视频拍摄中培养人文情怀与素养。
➢ 增强文化自信，在短视频中弘扬中华优秀传统文化。

　　短视频拍摄是短视频创作的关键环节之一，追求艺术与技术的完美结合。它不仅要求创作者掌握一定的拍摄技巧，还需要有创意和灵感，这考验着创作者的镜头运用能力。本章将介绍短视频拍摄的要点，以及如何使用手机和相机来拍摄短视频。

2.1 短视频拍摄的技术要点

要想使自己拍摄的短视频在众多作品中脱颖而出，就需要掌握一些基本的短视频拍摄技术。下面详细介绍短视频拍摄中需要掌握的技术要点。

↘ 2.1.1 画面防抖

在短视频拍摄过程中，画面抖动是一个常见的问题。这不仅会影响画面的稳定性，还会影响观众的观看体验，因此掌握有效的防抖技巧至关重要。下面介绍几种实用的短视频拍摄防抖方法。

（1）使用手持稳定器。手持稳定器是一种专业的设备，可以减少手部震动对画面的影响，如图2-1所示。它通过机械或电子系统稳定相机，能够提供平稳的拍摄效果。

（2）使用三脚架或支架。使用三脚架（见图2-2）或支架可以固定相机并减少震动，这对于拍摄静态场景或需要长时间拍摄的情况非常有用。

图2-1 手持稳定器

图2-2 三脚架

（3）启用设备防抖功能。有很多手机和相机都配备了防抖功能。启用这个功能可以减少拍摄过程中的抖动，在设置中打开设备的防抖选项即可。

（4）注意手持防抖。手持设备拍摄视频时，可以参照以下方法来防止画面抖动。

● 保持正确的姿势。使用双手握持设备拍摄视频时，尽可能让双肘夹紧并紧贴胸部，利用身体作为支撑点，这样可以使拍摄画面比较稳定。

● 注意呼吸。调整呼吸节奏，匀速深呼吸，或者深吸一口气后憋气拍摄，避免呼吸时胸前的起伏导致身体出现抖动。

● 使用其他支撑点。使用手臂、膝盖等部位进行支撑，例如，先将左手放在右肩上，形成一个三角形，然后将拿设备的右手放在左手臂弯处。

● 手持运镜防抖。在运镜拍摄时弯曲膝盖，降低身体重心，匀速小步移动。若是横向移动，则使用交叉步匀速缓慢移动。注意，不要用手臂去运镜拍摄，而是靠身体带动手臂运动。

↘ 2.1.2 视频收音

视频收音是视频拍摄过程中容易被忽视的环节，它会影响整个视频作品的质量，出色的视频收音能使视频更真实并使观众产生代入感。要想提升视频收音质量，就需要在拍摄设备上连接话筒。常用的话筒主要有两种类型，分别是无线话筒和指向性话筒。

无线话筒采用无线射频技术，可以实现远距离移动收音，具有小巧便携、接收距离远、隐蔽性好、拾音清晰灵敏等特点，还具有很好的降噪功能，如图2-3所示。

指向性话筒的拾音角度很窄，只会收录话筒所指方向的声音，而屏蔽其他方向的声音。这类话筒内置智能降噪功能，抗干扰能力强，能够有效降低环境噪声，收音更干净，且无须充电，拍摄时直接使用数据线连接话筒即可，如图2-4所示。

图2-3 无线话筒　　　　　　　　　　　　图2-4 指向性话筒

↘ 2.1.3 运用光线

光线可以分为顺光、侧光和逆光。这3种光线没有好坏之分，在拍摄时要根据自己的需求进行合理的选择。

顺光是指光线来自拍摄主体的正面，也就是让拍摄主体正对着光线进行拍摄，如图2-7所示。充足的光线使顺光拍摄可以将拍摄主体的细节表现得很清楚。但顺光拍摄缺少光线的变化，常使拍摄画面略显单调。

侧光是指光线从拍摄主体的侧面照射过来，如图2-6所示。侧光在生活中最为常见，只要不是正对或正背着太阳，都属于侧光拍摄。侧光拍摄的画面有明有暗，具有层次感和立体感。

逆光是指光线来自被摄主体的后面，如图2-5所示。在拍摄时可以将日出或日落时分的光线作为逆光，这个时候的光线倾斜照射且强烈，可以给拍摄主体营造出一轮金色的轮廓光，为画面添加浓重的氛围感。

图2-5 逆光　　　　　　　图2-6 侧光　　　　　　　图2-7 顺光

↘ 2.1.4 运用景别和视频构图

在进行短视频拍摄之前，我们需要对镜头语言有所了解，其中运用景别和视频构图是必备的拍摄技能。

1. 运用景别

景别是指被摄主体和画面形象在屏幕框架结构中所呈现出的大小和范围。按照取景范围从大到小来划分，景别分为远景、全景、中全景、中景、近景和特写6种。不同的景别能给观众带来不同的感受，在拍摄过程中拍摄者可以根据需要选择合适的景别来呈现故事和情感。

● 远景：远景主要用于呈现人物与周围环境的关系以及广阔的空间景色，通常人物只占据画面的一小部分，如图2-8所示。

● 全景：全景主要用于表现人物的全身，同时保留一定范围的环境和活动空间，如图2-9所示。

● 中全景：中全景的取景范围在人物膝部以上，适合用于表现人物的动作，以及场景中的人物关系，如图2-10所示。

图2-8　远景

图2-9　全景

图2-10　中全景

● 中景：中景的取景范围在人物腰部以上，强调人物本身的叙事，如图2-11所示。

● 近景：近景的取景范围在人物胸部以上，可以细致地表现人物的精神面貌，从而拉近画面中的人物与观众的距离，如图2-12所示。

● 特写：特写的取景范围一般在人物肩部以上，可以突出人物面部情绪，如图2-13所示。

图2-11　中景

图2-12　近景

图2-13　特写

2. 视频构图

视频构图是视频拍摄中不可或缺的一环，它直接影响视频的质量和观众的观看体验。合理的视频构图不仅能够让画面更加生动、有趣，还能增强画面的视觉冲击力，提升视频作品的品质。

在短视频拍摄中，常用的视频构图方式如下。

● 中心构图。中心构图就是将被摄主体放在画面中心位置，这种构图方式更容易把观众的视线聚焦于被摄主体，如图2-14所示。

● 对称构图。对称构图就是通过创造对称性来营造平衡和稳定感，可以是水平对称、垂直对称或中心对称，如图2-15所示。

图2-14　中心构图　　　　　　　　　图2-15　对称构图

● **对角线构图。**对角线构图就是利用对角线线条来引导观众的目光，从而创造出动感和视觉张力，如图2-16所示。

● **黄金分割构图。**黄金分割构图是将画面分为与黄金比例相符合的两个或多个部分，以创造出视觉上的吸引力。一般将主体放到画面九宫格的交叉点位置或三分线上，如图2-17所示。

图2-16　对角线构图　　　　　　　　图2-17　黄金分割构图

● **框架构图。**框架构图是利用自然或人工的框架元素将被摄主体置于画面中，这种构图方式能够增加画面的层次感，在一定程度上也可以规避杂乱的环境，如图2-18所示。

● **引导线构图。**引导线构图是利用线条、路径或曲线来引导观众的目光，将观众的注意力吸引到画面中的重要区域，如图2-19所示。

图2-18　框架构图　　　　　　　　　图2-19　引导线构图

● **留白构图。**留白构图是通过在画面中留出空白区域，给观众留下想象的空间，使画面更具意境和韵味，还可以起到引导视线的作用，如图2-20所示。

● **前景构图。**前景构图是通过在画面前方放置有趣或引人注目的前景元素，以增强画面的层次感和空间感，如图2-21所示。

图2-20 留白构图

图2-21 前景构图

● **低角度构图**。低角度构图是指在拍摄时将机位降低至地面或非常接近被摄主体底部的位置进行拍摄，从而营造出具有视觉冲击力和故事感的画面，如图2-22所示。这种构图方式能够平衡景物的层次关系，给观众带来独特的视觉体验。

● **高角度构图**。高角度构图是拍摄者从高处往下拍摄的一种构图方式。这种构图方式可以使被摄主体显得渺小，从而强调环境或场景的宏大，如图2-23所示。

图2-22 低角度构图

图2-23 高角度构图

↘ 2.1.5 视频运镜

运镜是指拍摄设备机位的变化，可以让画面产生动感的效果，从而形成视点、场景空间、画面构图、表现对象的变化。

通过合理运镜，可以创造出丰富多样的视觉效果，展现出不同的视角和景别，使画面更加生动、有趣，让观众更全面地了解被摄主体。基本的运镜手法包括推镜头、拉镜头、摇镜头、移镜头、升降镜头、跟镜头、环绕镜头等。

（1）推镜头

推镜头是指镜头慢慢向被摄主体靠近，通过逐步放大局部细节来突出被摄主体，如图2-24所示。这种运镜方式可以引导观众对主体的关注，还可以用于描绘细节、刻画人物、制造悬念等，使观众更好地理解人物特点和故事情节。

图2-24 推镜头

（2）拉镜头

拉镜头是指镜头慢慢远离被摄主体，被摄主体由大变小，周围环境由小变大，如图2-25所示。这种运镜方式常用于展现被摄主体与环境的关系，或者为画面带入其他的元素或人物。

图2-25　拉镜头

（3）摇镜头

摇镜头是指在拍摄过程中左右或上下摇动镜头，从而让观众感受到场景的变化和动态效果，如图2-26所示。摇镜头可以是左右横摇、上下纵摇、倾斜摇、"彩虹"摇、旋转摇，以及速度极快的"甩"摇等。这种运镜方式可以创造出动态感和视觉张力。

图2-26　摇镜头

（4）移镜头

移镜头是指在拍摄过程中在场景中移动镜头，从而从不同的角度和方位拍摄被摄主体，如图2-27所示。这种运镜方式可以创造出视觉上的层次感和立体感。

图2-27　移镜头

（5）升降镜头

升降镜头是指镜头在垂直方向上做上升或下降运动，是一种从多个视点表现主题或场景的运镜方式，可以制作出多角度、多方位的构图效果，能够增强画面的空间感，还能引导观众的视线和创造节奏感。

其中，升镜头能够展示更广阔的场景，通常用于探索场景、创造视觉冲击力、强调主题等，如图2-28所示。

降镜头可以用来营造氛围，展现自上而下的视角变化，如图2-29所示。

图2-28　升镜头

图2-29　降镜头

（6）跟镜头

跟镜头是指在拍摄过程中镜头跟踪运动的被摄对象，如图2-30所示。常用的跟随方式有推镜头跟随、拉镜头跟随、侧面移镜头跟随、摇镜头跟随等。这种运镜方式可以用于表现一个在行动中的对象，以便连续而详尽地表现其活动情形，或者表现被摄对象在行动中的动作和表情。

图2-30　跟镜头

（7）环绕镜头

环绕镜头是指镜头围绕被摄主体进行环绕拍摄，常用来展现被摄主体与环境之间的关系或人物之间的关系，如图2-31所示。这种运镜方式可以增强画面的立体感，能给观众带来身临其境的感觉，还可以营造一种独特的艺术氛围。

图2-31　环绕镜头

以上这7种镜头是最基本的运镜方式，在实际拍摄中拍摄者要根据不同的场景和主题选择合适的运镜方式，还可以结合多种运镜方式创造出更加丰富多样的视觉效果。

↘ 2.1.6　拍摄成组镜头

成组镜头通常在拍摄人物做一件事时使用，将2～3个镜头（如全景、中景和近景等）作为一组，以交代人物所处的环境和背景、人物所做的事情、人物和事件的关系、人物的动作，以及人物的神态表情和想要突出表现的画面细节等。

在拍摄时还可以尝试从不同的角度和方向拍摄来丰富画面，创造出生动、丰富和有趣的视觉效果。例如，在拍摄制陶匠人制作黑陶纹理时，可以采用3个分镜头进行拍摄，第1个镜头从人物侧前方拍摄中景画面，第2个镜头拍摄陶器表面的特写画面，第3个镜头从人物侧面平拍全景画面，如图2-32所示。

图2-32 拍摄成组镜头

拍摄成组镜头时，需要注意以下几点。

（1）预先规划。在拍摄前，要预先规划好成组镜头的拍摄顺序和拍摄方式，包括镜头的时间、景别、角度、运动方式等，以便更好地掌控拍摄进度和效果。

（2）确定主题和目标。在拍摄前，要明确成组镜头的主题和目标，以及想要传达的信息和情感，这有助于为拍摄确立基调和方向。

（3）注意景别变化。在拍摄成组镜头时，要注意景别的变化和衔接。不同的景别可以展示不同的视角和情境，同时也可以营造出不同的氛围和情感。因此，要在镜头序列中合理安排不同景别的镜头，以保证成组镜头的连贯性和表现力。

2.2 使用手机拍摄短视频

不同手机品牌和型号的手机在视频拍摄方面具有不同的功能和特点，但总体相差不大。下面以华为手机为例介绍手机相机视频拍摄功能及相关参数设置。

↘ 2.2.1 设置视频拍摄功能

使用手机拍摄视频前的相机功能设置主要包括设置分辨率和帧率、选择滤镜、打开构图参考线等。

视频分辨率是指视频画面中水平和垂直方向上的像素点数，通常用宽度和高度来表示。视频分辨率决定了视频画面的清晰度，分辨率越高，画面就越清晰，但同时也会占用更大的存储空间。平时拍摄中常见的分辨率有4K、1080p、720p等，在相机设置界面中可以根据需要选择合适的视频分辨率，如图2-33所示。1080p是目前较常用的视频分辨率，可以提供良好的画面质量，适合大多数的显示设备和网络环境。

视频帧率是指视频每秒显示的图像帧数，用fps来表示。视频帧率决定了视频画面的流畅度和动态表现力，帧率越高，画面越流畅，但也需要更多的数据量，所占的存储空间也更大。普通录像模式下的帧率有30fps和60fps两种，如图2-34所示。其中，60fps的帧率适用于对视频流畅度有较高要求或后期需要慢放的视频。

图2-33　选择视频分辨率　　　图2-34　选择视频帧率

　　打开手机相机，并切换到录像模式，在拍摄界面顶部可以看到当前的分辨率和帧率，点击分辨率和帧率图标即可逐一进行切换。也可点击快门下方的 ⌒ 图标，或在 ⌒ 图标附近向上滑动，调出快捷设置选项（见图2-35），点击"分辨率"或"帧率"按钮，即可选择要使用的分辨率或帧率。

　　点击"滤镜"按钮，可以根据需要及拍摄环境选择所需的滤镜效果，例如选择"徕卡柔和"滤镜效果，使画面颜色得到增强，如图2-36所示。

　　点击"设置"按钮 ◉，进入相机"设置"界面，在该界面中可以对相机进行更多设置，如图2-37所示。启用"水平仪"功能，取景框中会出现水平辅助线，可用来观察拍摄角度是否水平。启用"参考线"功能，取景框中会出现九宫格辅助线，可用来辅助画面元素构图。

图2-35　调出快捷设置选项　　　图2-36　选择滤镜　　　图2-37　相机"设置"界面

↘ 2.2.2　设置对焦与曝光

　　对焦是指调整手机镜头焦点与被摄主体之间的距离，使被摄主体成像清晰的过程，这决定了视频主体的清晰度。一般情况下，将手机对准被摄主体，手机会通过内置的对焦传感器来检测被摄主体，使被摄主体自动变得清晰。

拍摄者也可以直接在取景框中点击要对焦的区域，手机屏幕上就会出现一个对焦框，实现对焦点所在区域的自动对焦和测光。在拍摄视频时，要获得稳定的对焦和曝光，可以长按对焦框，此时取景框上方会显示"曝光和对焦已锁定"字样，如图2-38所示。按住对焦框旁的小太阳图标 ⊙ 并上下拖动，可以调整画面的明暗程度，这一过程称为调整曝光补偿。在此处，将曝光补偿调整为-0.5，使画面更清晰，如图2-39所示。

图2-38　锁定曝光和对焦　　　图2-39　调整曝光补偿

↘ 2.2.3　使用专业模式拍摄

手机相机的专业模式为手机摄影爱好者提供了像单反相机一样手动操控拍摄参数的功能，让拍摄者能够更加快速地拍摄到自己想要的画面。

1. 认识曝光三要素

光线通过镜头进入相机，在传感器上成像，我们可以通过设置光圈、快门和感光度三要素控制进入相机的光线。

光圈是控制相机进光的孔径，光圈越大，单位时间进光量就越多；光圈越小，单位时间进光量越少。光圈还影响画面的景深（画面焦点前后范围内呈现的清晰图像），也就是前景/背景的虚化程度。光圈用F值表示，该值表示光圈大小的倒数，F值越大，光圈越小，景深越大，背景越清晰；F值越小，光圈越大，景深越小，背景越虚化。光圈对画面的影响如图2-40所示。

图2-40　光圈对画面的影响

快门是通过控制光线进入相机的时间长短控制进光量的装置。快门速度以数字形式表示，单位是秒。快门速度越慢，进光量越多，画面就越亮，反之就越暗。同时，快门速度还决定了拍摄出来的画面是清晰的物体，还是物体的运动轨迹。高速快门可以用于记录运动物体的瞬间，低速快门可以用于记录物体的运动轨迹。快门对画面的影响如图2-41所示。

图2-41 快门对画面的影响

感光度用ISO值表示，指的是相机对光线的灵敏程度。ISO值越大，画面越亮，但画面噪点越多；ISO值越小，画面越暗，但画面噪点越少。感光度对画面的影响如图2-42所示。

图2-42 感光度对画面的影响

2. 调整画面曝光

在手机相机界面下方选择"专业"拍摄模式，然后点击"录像"按钮，切换到录像模式。在专业模式下可以通过设置测光模式、感光度、快门速度、曝光补偿等调整画面曝光。

测光就是根据镜头捕捉的画面自动调节明暗，包括矩阵测光、中央重点测光和点测光3种测光模式。

● 矩阵测光。矩阵测光是根据整个画面亮度计算平均值，适合用于拍摄风景等大多数场景。

● 中央重点测光。中央重点测光是将测光的重点放在画面中央区域，适合用于拍摄主体突出的场景，如人像、花卉等。

● 点测光。点测光是对画面中极小的点状区域进行测光，适合用于拍摄明暗对比强烈的场景，如舞台、逆光场景等。

在专业模式下点击M按钮，可以选择所需的测光模式，在此选择矩阵测光模式，如图2-43所示。点击EV按钮，可以拖动滑块调整曝光补偿，在此向左拖动滑块，调整EV值为-0.3，如图2-44所示。

调整测光模式和曝光补偿后，感光度和快门速度会自动发生变化，以调整画面曝光。若要锁定当前画面曝光，可以长按EV按钮，或者设置固定的快门速度和感光度。点击S按钮，并调整快门速度，在此将快门速度调整为1/100，然后点击ISO按钮，将ISO值由200降低到160，可以看到画面变得更暗，如图2-45所示。

图2-43 选择测光模式

图2-44 调整曝光补偿

图2-45 降低ISO

3. 选择对焦模式

在专业模式下有3种对焦模式，分别是AF-S（单次对焦）、AF-C（连续对焦）和MF（手动对焦），其中AF-C为默认模式。

● AF-S。该模式对被摄主体进行一次性对焦成像，适合用于拍摄静物、静止的人物等。

● AF-C。该模式会对被摄主体进行连续的对焦，适合用于拍摄运动的物体。当取景画面发生较大变化时相机将再次自动对焦，长按AF-C按钮可以锁定焦点。

● MF。该模式类似于在取景框中点击进行对焦，选择该模式后会出现一个滑动条，左侧为微距图标🌷，右侧为远方图标▲，拖动对焦滑块即可选择对焦位置。当选择前方主体为对焦目标时，背景会变得虚化；当选择后方背景为对焦目标时，前方主体会被虚化。

MF模式常用在自动对焦质量不佳的情况下，如环境光线差、对焦位置反差小、被摄主体前有遮挡物，或者微距场景自动对焦不准确等情况。此外，还可以利用MF模式实现画面虚焦实焦转换效果。例如，在MF模式下，将对焦滑块向▲方向拖动，将焦点移至远处的咖啡机上，可以看到近处的菜单变模糊，如图2-46所示；将对焦滑块向🌷方向拖动，直到近处的菜单变清晰，此时远处的咖啡机变模糊，如图2-47所示。

4. 设置白平衡

白平衡是指相机通过校正不同光源下的色彩偏差，以确保画面中的物体呈现出原本的颜色。例如，在黄色灯光下白色的物体会偏黄。校准白平衡就是纠正色偏，让白色的物体仍然显示为白色，只要白色被校准了，其他物体颜色的色偏也会被同时校准。

白平衡涉及色温的概念，通俗地说，色温就是用于衡量物体发光的颜色。与一般认知不同，色温越低，色调越暖（偏红）；色温越高，色调越冷（偏蓝），图2-48所示为色温标准参考。

图2-46　近处菜单变模糊

图2-47　近处菜单变清晰

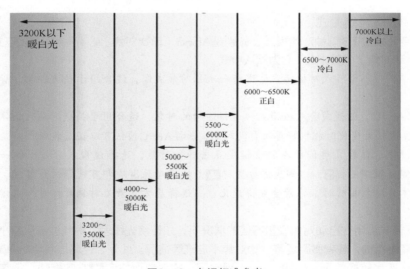

图2-48　色温标准参考

专业模式中的白平衡参数就是让拍摄者在拍摄之前告诉相机目前环境的色温是什么样的，这样相机就能根据拍摄者提供的色温值来进行白平衡校准。由于白平衡中的色温是用来纠正色偏的，它与现实中的色温刚好相反，白平衡色温低的时候，拍摄出来的画面颜色偏蓝；白平衡色温高的时候，拍摄出来的画面颜色偏红。

在专业录像模式中点击白平衡按钮 **WB**，在弹出的选项中可以选择自动白平衡，阴天、荧光、白炽光、晴天等预设白平衡，以及手动白平衡等。一般情况下选择自动白平衡即可，相机会在场景中寻找白点并自动校正白平衡，如图2-49所示。切换到阴天白平衡模式，可以看到画面色彩变为暖色，如图2-50所示。

图2-49　自动白平衡效果　　　　　　图2-50　阴天白平衡效果

当拍摄场景的光线较为复杂，或者被摄主体与背景色彩差异较大、对比度较高或被摄主体处于逆光环境时，自动白平衡可能难以准确判断光线条件，导致出现色彩偏差，这时就需要手动调整白平衡来校正色彩。当拍摄者需要表达特定的情感或营造特定的色彩氛围时，如暖色调的温馨、冷色调的神秘等，也可手动调整白平衡。

↘ 2.2.4　使用大光圈模式拍摄

使用大光圈模式拍摄视频可以实时虚化主体背景，突出被摄主体，该模式适用于背景杂乱的拍摄环境。

使用大光圈模式拍摄视频的方法如下：在手机相机界面中选择"大光圈"拍摄模式，点击"录像"按钮█切换为录像模式，相机将自动对画面主体进行对焦并模糊背景。点击"光圈"按钮⊛，然后拖动滑块调整光圈值。图2-51所示为光圈值为3.2的背景虚化效果，图2-52所示为光圈值为16的背景清晰效果。

图2-51　背景虚化效果　　　　　　　图2-52　背景清晰效果

↘ 2.2.5　拍摄慢动作视频

慢动作视频也称升格视频。在拍摄时选择较高的帧率如120帧/秒、240帧/秒、960帧/秒进行拍摄，在播放时以30帧/秒的帧率放映，即可分别实现1/4倍速、1/8倍速、

1/32倍速的画面慢放效果。

慢动作用于表现运动物体的细节变化，可以增强视频的视觉冲击力和观赏性。慢动作模式适用于拍摄动态的场景，如人物行走、奔跑、跳跃、舞蹈及表情的变化等，也适合拍摄运动比赛、汽车竞速、飞行等高速运动场景。

在拍摄慢动作视频时，由于快门速度被限制为最低帧率，因此在低光环境下拍摄时会出现曝光不足、画面噪点增加等问题。拍摄者需要根据拍摄环境进行补光，才能拍摄出正常曝光、画质清晰的慢动作视频。

使用手机拍摄慢动作视频的方法如下。

步骤 01 在手机相机界面下方点击"更多"按钮，在弹出的界面中点击"慢动作"按钮，切换到慢动作拍摄模式，如图2-53所示。

步骤 02 调出快捷设置选项，点击"帧率"按钮，如图2-54所示。

步骤 03 在弹出的界面中选择合适的帧率，在此选择240fps（即1/8倍速慢动作），如图2-55所示。

图2-53　点击"慢动作"按钮　　图2-54　点击"帧率"按钮　　图2-55　选择帧率

步骤 04 在取景框中进行对焦并锁定曝光和对焦，点击"录制"按钮，即可开始录制慢动作视频，如图2-56所示。

图2-56　锁定对焦和曝光

慢动作视频录制完成后将生成高帧率的视频文件，在后期剪辑时可以通过降低视频播放速度实现慢动作效果，也可将拍摄的慢动作视频直接导出为慢动作视频，方法如下。

步骤01 在手机图库中打开并播放录制的慢动作视频，然后点击时间轴左侧的"慢动作"图标，如图2-57所示。

步骤02 进入"慢动作调整"界面，拖动白色滑杆选择要进行慢放的区域，然后点击✓按钮，如图2-58所示。

步骤03 返回预览界面，点击"分享"按钮，在弹出的界面中点击"保存"按钮，即可导出慢动作视频，如图2-59所示。

图2-57 点击"慢动作"图标　图2-58 选择慢放区域　图2-59 点击"保存"按钮

2.2.6 拍摄延时摄影视频

延时摄影主要通过降低前期拍摄的帧率，后期再以常规帧率播放视频实现延时效果。例如，前期每秒拍摄1帧画面，后期以每秒30帧的速度来播放，那么播放时间仅为真实拍摄时间的1/30，这样原本并不明显的变化过程就会被快速呈现出来。

延时摄影通常用于记录和表现各种时间和空间的变化过程，如人流、车流的快速移动，云彩的变化，日出、日落，星空变化，花开、花谢等。使用手机拍摄延时摄影视频时，可以使用三脚架固定手机进行拍摄，也可手持稳定器边移动边拍摄。拍摄方法为在相机更多模式中选择"延时摄影"拍摄模式，在取景框中点击画面进行对焦，然后点击"拍摄"按钮，即可使用自动模式拍摄延时摄影视频，如图2-60所示。

若要调整拍摄参数，可以点击按钮进入手动模式，在该模式下可以设置拍摄速率、录制时长及各种拍摄参数。点击PRO按钮，然后根据需要设置测光方式、感光度、快门速度、曝光补偿、对焦方式、白平衡等参数，在此将感光度（ISO值）设置为50，将快门速度（S值）设置为1/20，然后点击"录制"按钮，开始录制延时摄影视频，如图2-61所示。

图2-60　使用自动模式拍摄延时摄影视频

图2-61　设置拍摄参数

2.3　使用相机拍摄短视频

　　使用相机拍摄短视频可以获得更好的画质，也更容易拍摄出电影感的效果，为视频后期制作提供更大的创作空间。下面以索尼微单相机为例，详细介绍使用相机拍摄短视频的常用设置。

↘ 2.3.1　设置视频格式

　　使用相机拍摄短视频之前，需要先对视频分辨率、帧率、码率等进行设置，具体操作方法如下。

步骤 01 将相机拍摄模式转动到视频模式，如图2-62所示。

步骤 02 进入"拍摄 > 影像质量"设置界面，选择"文件格式"选项，如图2-63所示。

图2-62　选择视频模式

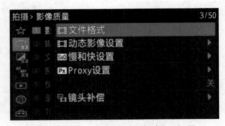

图2-63　选择"文件格式"选项

步骤 03 按"确定"键，进入"文件格式"界面，选择所需的文件格式。其中，XAVC HS 4K对应的是H.265编码的4K视频，XAVC S 4K和XAVC S HD对应的是H.264编码的4K视频和1080p的视频，如图2-64所示。一般选择H.264编码的4K视频或1080p的视频。

步骤 04 进入"动态影像设置"界面，"记录帧速率"选项用于选择帧率，"记录设置"选项用于选择码率，如图2-65所示。

步骤 05 在"记录帧速率"界面中选择所需的视频帧率，如图2-66所示。若要拍摄升格视频，可以选择120p的帧率，在后期编辑视频时，将播放速度设置为25%，即可实现1/4倍速的慢动作效果。

步骤 06 在"记录设置"界面中选择所需的视频码率，如图2-67所示。视频码率决定了视频画面的压缩率和质量，码率越高，画面细节越清晰，但也需要更多的存储空间和更大的传输带宽。

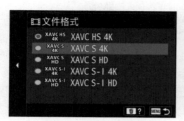

图2-64　选择文件格式

图2-65　"动态影像设置"界面

图2-66　选择视频帧率

图2-67　选择视频码率

如果在选择视频帧率时，选项中只有60p，没有50p，这是因为视频制式为NTSC制式。在相机设置菜单中进入"设置 > 区域/日期"界面，选择"NTSC/PAL选择器"选项，如图2-68所示，按"确定"键即可更改视频制式。如果当前是NTSC制式，那么在选择视频帧率时，可以选择30p、60p或120p；如果是PAL制式，则可以选择25p、50p和100p。

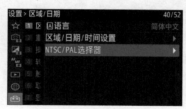

图2-68　选择视频制式

在拍摄视频时，拍摄者可以根据拍摄环境灵活选择视频制式。在灯光环境下拍摄时选择PAL视频制式，这样可以尽量避免出现灯光频闪；在拍摄电视机等刷新频率是60赫兹的屏幕时，则可以选择NTSC视频制式。

↘ 2.3.2　曝光设置

使用相机拍摄短视频时，需要在"曝光模式"界面中选择"手动曝光"模式或"手动调节光圈和快门速度"模式，如图2-69所示。不要选光圈优先模式，因为无法控制快门速度。

图2-69　选择"手动曝光"模式

快门速度对于视频拍摄非常重要，一般需要设置为视频帧率两倍的倒数。例如，如果视频帧率为30fps，就要将快门速度设置为1/60s，这样拍摄出的画面更符合人眼所看到的动态模糊效果。如果快门速度太低，画面就会有强烈的运动模糊效果，视频中会出现拖影现象；如果快门速度太高，则每一帧画面会过于清晰，让视频显得不够流畅。

设置完快门速度后，再根据拍摄环境设置光圈大小和感光度。一般先根据想要的景深范围设置合适的光圈大小，然后调整感光度，以获得正常的曝光。如果画面过暗，可以提高ISO的数值；如果画面过亮，则降低ISO的数值。如果ISO数值降到最低时画面依旧过亮，则需要在镜头前安装减光镜来保证正常的画面曝光。

↘ 2.3.3 对焦设置

相机的对焦设置包括自动对焦和手动对焦两种。设置对焦模式的方法为在相机对焦菜单中选择AF/MF选项（见图2-70），然后选择"对焦模式"选项，再选择"连续AF"模式，如图2-71所示。在自动对焦模式下，为了更加灵活地适应各种拍摄需求，可以将"AF过渡速度"设置为"7（高速）"，将"AF摄体转移敏度"设置为"5（响应）"。

图2-70　选择AF/MF选项　　　图2-71　设置自动对焦模式

设置为自动对焦模式后，拍摄者可以根据拍摄需求选择"对焦区域"，包括"广域""区域""中间固定""点""扩展点"等，一般选择"广域"或"区域"，如图2-72所示。若拍摄的主体是人物，可以启用"AF人脸/眼睛优先"功能，如图2-73所示，启用后相机将对人物的脸部或眼睛自动对焦。

图2-72　设置"对焦区域"　　　图2-73　启用"AF人脸/眼睛优先"功能

若自动对焦无法满足拍摄需求，如拍摄微距画面、画面虚实变焦等镜头，则需要使用手动对焦。在手动对焦设置中，可以启用"峰值显示"对焦辅助功能，如图2-74所示。这样在画面中对焦的位置会出现带颜色的线条，以便查看对焦是否准确。

图2-74 启用"峰值显示"功能

↘ 2.3.4 白平衡设置

相机的自动白平衡功能虽然在拍摄照片时使用起来比较方便，但在拍摄短视频时由于会有较多的环境变化，可能会导致所拍摄的各个视频片段画面颜色不一，对后期统一调色造成麻烦。

因此，在使用相机拍摄短视频时，可以将白平衡调整为手动模式。一般情况下，将色温调节到4900～5300K即可，这是一个中性值，适合大部分拍摄题材。如果拍摄环境色温偏黄，可以将其设置在3200～4300K；如果拍摄环境色温偏蓝或者是阴天，则可以设置在6500K左右。

此外，还可以让相机自定义白平衡。在白平衡设置中选择SET选项，按"确定"键，取景框中会出现一个小方格。将纯白的物体（如一张纯白的纸）置于取景框中，按"确定"键，相机会根据取景框内的白色自动调节白平衡值，如图2-75所示。

图2-75 自定义白平衡

↘ 2.3.5 颜色设置

如果对画面色彩有较高的要求，在拍摄短视频时可以选择图片配置文件，以获得更大的调色空间。在"颜色/色调"设置菜单中选择"图片配置文件"选项，如图2-76所示。按"确定"键，在打开的界面中选择所需的PP值即可，如图2-77所示。

图2-76 选择"图片配置文件"选项

图2-77 选择所需的PP值

　　PP值对应于相机提供的配置文件，相当于预设，不同的PP值有着不同的动态范围和适应场景。选择PP值时，可以根据拍摄场景和后期要求来选择。

　　若不需要后期调色或者拍摄场景明暗反差不大时，可以选择PP1、PP2或PP6；若需要高动态范围或自由后期调色空间，可以选择PP5、PP8、PP9或PP10。在使用S-Log3、S-Log2、HLG伽马曲线拍摄时，可以将"Gamma显示辅助"功能启用，然后设置"Gamma显示辅助类型"，如图2-78所示。该功能可以使用户在屏幕上看到色彩还原后的画面效果，而不是低对比度的"灰片"。

图2-78　设置"Gamma显示辅助类型"

↘ 2.3.6　设置快/慢动作视频

　　使用相机的S&Q模式可以拍摄慢动作和快动作视频，具体操作方法如下。

步骤 01 将相机拍摄模式转动到S&Q模式，如图2-79所示。

步骤 02 进入"动态影像"设置界面，选择"慢和快设置"选项，如图2-80所示。

图2-79　选择S&Q模式　　　　　图2-80　选择"慢和快设置"选项

步骤 03 按"确定"键，进入"慢和快设置"界面。其中，"记录设置"用于设置播放时的视频帧率，"帧速率"用于设置拍摄时每秒拍摄的张数。例如，将"记录设置"设置为30p，"帧速率"设置为120fps，即可拍摄1/4倍速的慢动作视频，如图2-81所示。将"记录设置"设置为60p，"帧速率"设置为1fps，就可以拍摄60倍速的快动作视频，即延时摄影视频，如图2-82所示。在拍摄延时摄影视频时，注意要将对焦模式改为手动对焦。

图2-81　设置拍摄慢动作视频　　　　图2-82　设置拍摄延时摄影视频

课堂实训

根据自己的兴趣选择一个拍摄主题，使用手机拍摄各分镜头素材。本实训的操作思路如下。

（1）设置手机相机视频拍摄参数，选择合适的分辨率和帧率。在拍摄前调整好画面对焦与曝光，并根据需要锁定对焦和曝光。

（2）拍摄同一主体不同景别、方向和角度的画面，在拍摄时选择合适的构图方式进行拍摄。

（3）运用不同的光线拍摄同一主体，体会光线对画面的影响。

（4）根据拍摄内容，选择合适的运镜方式进行拍摄。

（5）在手机相机专业模式下，通过设置测光模式、感光度、快门速度、曝光补偿等参数调整画面曝光，使用手动对焦拍摄微距画面，使用手动白平衡改变画面色彩。

课后练习

1. 简述景别的划分及作用。
2. 简述常用的视频构图方式有哪些。
3. 简述曝光三要素的作用。
4. 练习使用手机或相机拍摄一组风景主题的运镜镜头。
5. 练习使用手机或相机拍摄慢动作视频和延时摄影视频。

第 3 章
短视频剪辑快速入门

【知识目标】

➢ 掌握短视频剪辑的思路和要点。
➢ 熟悉剪映专业版的工作环境。
➢ 掌握剪映专业版的基本剪辑功能。
➢ 了解剪映专业版的其他特色功能。

【能力目标】

➢ 能够掌握剪映专业版各面板的功能。
➢ 能够修剪和裁剪视频素材。
➢ 能够进行简单的视频调色。
➢ 能够添加转场、动画、特效、音效等视频效果。
➢ 能够正确导出短视频。

【素养目标】

➢ 培养自主学习意识，能够灵活运用各种技术和工具。
➢ 在短视频创作中培养审美意识，不断提升审美水平。

　　剪辑是用特殊技术手段对前期所准备的素材进行选择、分解和组合的过程。在剪辑短视频之前，创作者要有清晰的剪辑思路。本章将介绍短视频的剪辑思路和要点，引领读者熟悉剪映专业版的工作环境，并通过剪辑一个完整的短视频作品介绍剪映的基本剪辑功能。

3.1　短视频剪辑的思路和要点

在进行短视频剪辑时，我们不仅要对素材进行精挑细选，还要运用正确的剪辑思路和适当的剪辑技巧对素材进行科学、合理的剪辑操作。

3.1.1　短视频剪辑的思路

通常情况下，短视频的剪辑思路如下。

（1）明确主题和目标受众：在剪辑短视频之前，需要明确短视频的主题和目标受众，从而确定剪辑的整体风格和方向。

（2）选择合适的素材：选择与主题和目标受众相符的素材，包括视频、图片、音频等。

（3）剪辑和拼接素材：对素材进行剪辑和拼接，使其符合短视频的逻辑和节奏，能够完整、流畅地表达出短视频的主题。

（4）添加特效和转场：在需要的情况下，可以添加一些特效和转场效果，以增强短视频的视觉效果。

（5）调整音频和字幕：调整音频的音量，避免出现音量忽高忽低的情况，还可以添加合适的音效来营造氛围；设置合适的字幕样式，使字幕与短视频风格相符合，字幕的出现和消失要与短视频的节奏相协调。

（6）包装和导出：把片头、片尾、形象标志、特效等部分合成到短视频中，在导出时选择合适的编码格式和分辨率，生成最终的短视频文件。

3.1.2　短视频剪辑的要点

在剪辑短视频时，创作者要灵活运用各种剪辑技巧，以实现最佳的视觉和听觉效果，吸引观众的注意力。

在剪辑过程中，需要掌握以下剪辑要点。

（1）保持短视频的节奏感。在速度上通过快慢结合增强短视频的节奏感，在景别上利用镜头的远近变化让短视频内容更加丰富，还可以根据配乐的缓急节奏来剪辑短视频。

（2）保证短视频的流畅性。在组接镜头时，合理利用跳切、叠化、淡入淡出、在动作处剪辑、相同运动方向、无缝遮罩等剪辑方法来处理镜头的转场。

（3）注意画面构图。在剪辑短视频时，除了连贯动作的分镜头组接，在对空景、动物、远景、人物等画面进行组接时，尽量让前后画面的主体在一个位置上，使观众的视线保持流畅性，提升作品的观感。

（4）短视频调色要适宜。短视频调色要基于短视频的整体基调，始终以一种色调作为标准基调，完成主基调的统一调色，进而有针对性地对局部细节进行单独调色。

（5）合理使用特效和转场。在使用转场时，要了解转场的效果和适用场景，并根据短视频的风格和内容选择合适的转场效果，使转场与内容相匹配。使用特效应当适度，避免过度使用导致短视频过于花哨。

（6）注意音频的同步和音量控制，以保证短视频具有最佳的听觉效果。

（7）尽量精简短视频内容，避免素材重复与冗余。可以删除短视频中偏离主题的镜头。一件事情，如果用3个镜头能够交代清楚，就不要用5个镜头，将传递相同信息的镜头连续叠加并不能强调主题。

3.2 认识剪映专业版工作环境

剪映专业版是一款PC端的视频剪辑软件，它提供强大易用的视频编辑功能，还拥有丰富的音乐、滤镜、特效、贴纸、花字等素材，能让用户快速上手，创作出优质的短视频作品。

3.2.1 认识剪映专业版初始界面

在PC端启动剪映专业版，打开剪映初始界面，默认为"首页"界面，如图3-1所示。单击左上方的账户图标，可以使用抖音账号登录剪映，登录后即可享受云空间、多端同步等功能。在界面左侧选择"模板""我的云空间""小组云空间""热门活动"等选项，即可进入相应的界面。

图3-1 剪映专业版初始界面

"首页"界面的右侧为存放草稿的地方，所有剪辑过的项目都会存放在这里。上方为"开始创作"按钮，单击该按钮即可进入新的视频剪辑界面，创建一个新草稿。单击已有的草稿，可以打开相应草稿的剪辑界面。"开始创作"按钮下方有一些视频创作的特色工具，如"文字成片""智能转比例""创作脚本""一起拍"等。

在草稿区上方单击"导入工程"按钮，可以将Premiere工程文件导入剪映中进行编辑。单击草稿区右上方的视图按钮，可以选择"宫格"或"列表"视图，以便更加快捷地找到所需的草稿。

用鼠标右键单击草稿，将弹出快捷菜单，用户可以将草稿上传至云空间、重命名草稿、复制草稿、删除草稿等。将草稿上传到云空间后，在界面左侧选择"我的云空间"选项，可以在相应的界面中管理云空间中的草稿。对于云空间中的草稿，用户可以使用手机、平板电脑继续进行剪辑操作，实现三端同步。

3.2.2 认识剪映专业版剪辑界面

在剪映初始界面中单击"开始创作"按钮，或者单击草稿箱中的草稿，即可进入视频剪辑界面。剪映专业版的剪辑界面分为5个区域，分别是菜单栏、素材面板、"播放器"面板、功能面板和时间线面板，如图3-2所示。将鼠标指针置于面板之间的位置，可以根据需要调整各面板区域的大小。

图3-2　剪映专业版剪辑界面

1. 菜单栏

剪映的视频剪辑界面上方为菜单栏，单击"菜单"按钮，在弹出的菜单中可以对剪辑项目进行一些全局操作，如导入媒体文件、新建草稿、导出视频、更改布局模式等。选择"全局设置"选项，将弹出"全局设置"对话框，其中包括"草稿""剪辑"和"性能"3个选项卡。

● 在"草稿"选项卡下可以设置草稿位置、素材下载位置、缓存管理、分享审阅等，如图3-3所示。

● 在"剪辑"选项卡下可以设置时间线大幅移动帧数、数值大幅调节单位、图片默认时长、目标响度、自由层级、默认帧率、时码样式等，如图3-4所示。

● 在"性能"选项卡下可以开启代理模式，如图3-5所示。开启代理模式后，剪映会自动生成一份低质量的视频文件，以解决剪辑过程中可能出现的卡顿问题。当最终导出视频时，又会将低质量视频文件自动替换为高质量的视频文件。

图3-3　"草稿"选项卡　　　图3-4　"剪辑"选项卡　　　图3-5　"性能"选项卡

在菜单栏的右侧有3个功能按钮，分别是"快捷键""布局模式"和"导出"按钮。

● 单击"快捷键"按钮▦，在弹出的界面中可以看到所有的快捷键操作，掌握快捷键操作可以让剪辑操作更加高效，用户还可以根据自己的使用习惯选择不同的快捷键模式。

● 单击"布局模式"按钮▣，可以选择"媒体素材优先""播放器优先""属性调节优先"或"时间线优先"布局模式。

● 当短视频制作完成后，单击"导出"按钮，即可将剪辑草稿导出为最终的视频成片。

2．素材面板

素材面板中包括"媒体""音频""文本""贴纸""特效""转场""滤镜""调节"和"模板"等面板。默认为"媒体"面板，单击"导入"按钮即可导入视频、音频、图片等素材，也可以将素材直接拖至"媒体"面板中。将素材导入"媒体"面板后，在"播放器"面板中即可预览相应素材。除了可以导入本地素材外，还可以使用云素材和素材库。

3．"播放器"面板

"播放器"面板可以为剪辑提供实时预览，点击下方的▶或⏸按钮可以播放或暂停播放视频。单击面板右上方的菜单按钮▤，在弹出的菜单中可以设置"调色示波器"、导出静帧画面或选择"预览质量"。"预览质量"默认为"画质优先"模式，如果系统硬件配置较低或剪辑较为复杂，可以选择"性能优先"模式，以保证播放的流畅度，如图3-6所示。

在"播放器"面板下方有一排图标，其中左侧为剪辑时间码，显示时间线指针当前位置和视频总时长。点击音量图标▥，打开音频仪表面板，在播放视频时会实时显示音量。当音量分贝值超出0dB时，容易出现爆音现象，超出0dB音量的部分会被标记为红色。

单击播放器面板右下方的▣图标，将弹出调节滑块，用于调整画面缩放比例。单击比例图标 16:9，在弹出的菜单中可以选择画布比例，也就是最终导出视频的比例，如图3-7所示。单击最右侧的全屏图标▣，可以全屏预览剪辑画面。

图3-6　选择"预览质量"

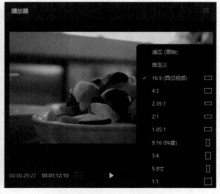

图3-7　选择画布比例

此外，在时间线面板中选中视频片段后，在"播放器"面板中还可以自由调节画面的大小和位置，在调整位置时还会自动出现辅助线，帮助用户对齐素材。

4. 功能面板

"播放器"面板的右侧为功能面板，当在时间线面板中没有选中任何素材时其显示为"草稿参数"面板，显示当前草稿的信息，单击"修改"按钮，可以对草稿进行设置。当选中时间线面板上的素材后，功能面板中就会显示与当前素材相关的各种面板，例如选中一个视频片段，功能面板中就会显示"画面""音频""变速""动画"等面板，用户可以根据需要来调整各项参数。

5. 时间线面板

在时间线面板中可以对素材进行基本的编辑操作，例如，将素材添加到时间线上后，拖动素材左端或右端的裁剪框即可修剪素材，拖动素材则可以调整素材的位置和轨道。选中素材后，在时间线面板上方工具栏中可以对素材进行基本的编辑操作，如分割、删除、定格、倒放、镜像、旋转、裁剪等。

时间线面板中的白色竖线为时间线指针，拖动时间线指针即可在"播放器"面板中预览当前剪辑位置。按住【Ctrl】键的同时滚动鼠标滚轮，可以缩放时间线，也可拖动时间线面板右上方的滑块来缩放时间线，以便进行剪辑操作。单击"全局预览缩放"按钮，可以将时间线调整为全局大小，以显示时间线上的所有素材。

时间线面板中的视频轨道分为两种，分别是主轨道和副轨道，其中副轨道又称叠加轨道或画中画轨道。主轨道只有一个，而画中画轨道可以有多个，默认上层轨道中的素材画面覆盖下层轨道中的素材画面，用户可以根据需要调整画中画轨道的层级。

在轨道左侧还有一些小工具，最左侧的图标表示轨道的类型，有视频轨道、音频轨道、滤镜轨道、特效轨道、文本轨道、贴纸轨道、调节轨道等。单击"锁定轨道"按钮，可以锁定轨道，适用于一些需要固定的片段。单击"隐藏轨道"按钮，可以隐藏相应轨道中的素材或效果，适用于在观察其他轨道画面时将不需要的轨道隐藏起来。单击"关闭原声"按钮，则可以设置视频或音频轨道是否静音。

在时间线面板右上方有4个功能按钮，分别是主轨磁吸、自动吸附、联动和预览轴，其作用分别如下。

● 主轨磁吸：使用主轨磁吸功能可以使主轨道上的素材进行自动组接，使素材之间没有间隙，形成一个连续的视频，默认为开启状态。

● 自动吸附：使用自动吸附功能可以更快捷地对齐素材的位置，默认为开启状态。如果想更加细致地调整位置，则可以关闭该功能。

● 联动：联动功能默认为开启状态，如果在主轨道上添加了文字、贴纸或特效等元素，当移动主轨道素材时，这些元素也会随着主轨道素材一起移动，使用户可以更高效地移动素材。当不需要这种同时移动的效果时，则可以关闭联动功能。

● 预览轴：启用预览轴功能后，当在时间线面板中移动鼠标时，可以在"播放器"面板中实时预览鼠标指针所在位置的画面，帮助用户快速找到需要的画面。

此外，在时间线面板中也可以通过右键快捷菜单编辑素材。用鼠标右键单击视频素材，在弹出的快捷菜单中有一些常用功能，如停用/启用片段、创建/解除组合、新建/解除复合片段、设置时间区域等。

3.3 剪映专业版的基本剪辑功能

下面以使用剪映专业版剪辑一个乡村美食短视频为例，详细介绍剪映专业版的基本剪辑功能。

3.3.1 导入与剪辑素材

使用剪映专业版制作短视频时，需要先将素材导入"媒体"面板。首先对视频素材进行修剪，并按照顺序将素材拖至时间线面板上，然后在时间线面板中对素材片段进行修剪、素材排序、设置倒放等操作，具体操作方法如下。

导入与剪辑素材

步骤 01 在剪映初始界面中单击"开始创作"按钮，进入视频剪辑界面，在"媒体"面板中单击"导入"按钮，导入需要的视频素材和音乐素材，如图3-8所示。

步骤 02 在"草稿参数"面板中单击"修改"按钮，在弹出的"草稿设置"对话框中设置"草稿名称""比例""分辨率""草稿帧率"等选项，然后单击"保存"按钮，如图3-9所示。

图3-8 导入素材

图3-9 "草稿设置"对话框

步骤 03 将"视频1"素材拖至时间线面板中，拖动时间线指针到"视频1"片段左侧要裁剪的位置，然后在工具栏中单击"向左裁剪"按钮或按【Q】键，即可对"视频1"片段的左端进行修剪，如图3-10所示。

步骤 04 将时间线指针拖至"视频1"片段右侧需要裁剪的位置，单击"向右裁剪"按钮或按【W】键，对"视频1"片段的右端进行修剪，如图3-11所示。采用类似的方法将"视频2"素材添加到时间线面板中，并对"视频2"片段进行修剪。

步骤 05 在"媒体"面板中将视图切换为"列表"视图，然后选中"视频3"素材，拖动素材左侧和右侧的裁剪框修剪视频素材的左端和右端，然后单击"添加到轨道"按钮，将其添加到时间线面板中，如图3-12所示。要取消裁剪视频素材，在裁剪框之外单击即可。

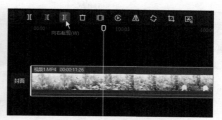

图3-10 单击"向左裁剪"按钮　　图3-11 单击"向右裁剪"按钮

图3-12 裁剪视频素材并添加到轨道

步骤06 采用类似的方法，将其他视频素材添加到时间线面板中，并根据需要调整视频片段的顺序，即可完成短视频的粗剪，如图3-13所示。

图3-13 完成粗剪

步骤07 在"播放器"面板中预览短视频的粗剪效果。短视频的第一部分为在蔬菜大棚里采摘松茸，图3-14所示为部分镜头画面。其中，第1个镜头为野草空镜头，第2个镜头为拨开松茸上的覆盖物露出松茸，后几个镜头为采摘松茸的画面，这几个画面仅保留用手采摘松茸的动作片段，然后是将松茸放入筐中的片段，最后一个镜头是采摘结束往回走的空镜头。

图3-14 采摘松茸镜头

图3-15所示为部分镜头画面。第1个镜头为展示采摘的松茸，然后依次为清洗松茸、将清洗完的松茸放入筐中、切松茸、将切好的松茸放入碗中，以及展示被装在碗中的松茸和鸡块。

图3-15　准备烹饪食材镜头

短视频的第三部分为炒松茸，图3-16所示为部分镜头画面，包括切姜、热油、入锅、加调料、翻炒、装盘等镜头。

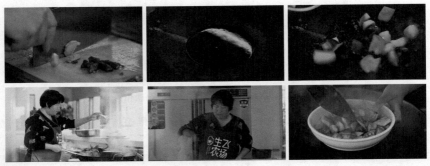

图3-16　炒松茸镜头

短视频的第四部分为烹饪松茸炖鸡，图3-17所示为部分镜头画面，包括炝锅、倒入并翻炒鸡块、加入清水、倒入松茸、炖煮菜品、两个空镜头以及最终菜品的呈现。

图3-17　烹饪松茸炖鸡镜头

↘ 3.3.2　短视频基础调整

下面对短视频进行基础调整，包括添加背景音乐、调整视频片段播放速度、调整音量、裁剪视频画面等，具体操作方法如下。

短视频基础调整

步 骤 01 将"音乐"音频素材添加到主轨道下方的音频轨道中，然后在适当位置裁剪音频左端，并将音频移至时间线最左侧。在音频片段上向下拖动音量控制柄降低音量，如图3-18所示。

步 骤 02 选中音频片段，在工具栏中单击"自动踩点"按钮，选择"踩节拍Ⅰ"选项，即可在音频片段上自动添加节拍点，如图3-19所示。

图3-18 添加音频素材并调整音量　　　　　图3-19 添加节拍点

步骤03 选中"视频1"片段，按【Ctrl+R】组合键调出"变速"面板，在视频片段上方将显示速度控制柄，如图3-20所示。

步骤04 向右拖动右侧的速度控制柄【｜】，拉长视频片段到音乐节奏位置，即可对视频播放速度进行降速调整，在视频片段上方显示当前的播放速度为0.49x，如图3-21所示。采用类似的方法，对其他视频片段进行速度调整。

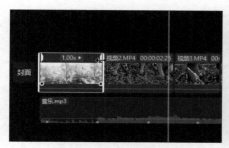

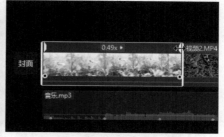

图3-20 显示速度控制柄　　　　　图3-21 调整视频片段播放速度

步骤05 选中"视频8"片段，向下拖动视频片段上的音量控制柄，将其音量调至静音状态，如图3-22所示。采用类似的方法调整其他视频片段的音量，如提高切菜、炒菜等视频片段的音量。

步骤06 选中"视频8"片段，切换到"画面"面板，单击"基础"按钮，勾选"视频防抖"复选框，在"防抖等级"下拉列表框中选择"最稳定"选项，如图3-23所示。

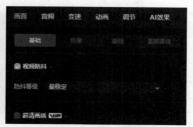

图3-22 调整视频片段音量　　　　　图3-23 设置"视频防抖"

步骤07 对最后一个视频片段的尾部进行分割，然后按【Ctrl+R】组合键调出"变速"面板，拖动速度控制柄降低最后一个视频片段的播放速度，在此将其播放速度调整为0.14x，如图3-24所示。

步骤 08 在"变速"面板中勾选"智能补帧"复选框，在下方的下拉列表框中选择"光流法"选项，如图3-25所示。

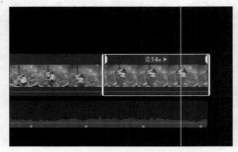

图3-24 调整视频片段播放速度 图3-25 设置"智能补帧"

步骤 09 修剪音频片段的右端，使其与最后一个视频片段的右端对齐，然后在音频片段尾部拖动淡出控制柄，调整音乐淡出时长，如图3-26所示。

步骤 10 在时间线面板中选中要调整画面构图的视频片段，在此选中"视频2"片段，在工具栏中单击"裁剪"按钮 ，如图3-27所示。

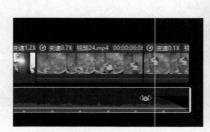

图3-26 调整音乐淡出时长 图3-27 单击"裁剪"按钮

步骤 11 在弹出的"裁剪"对话框的"裁剪比例"下拉列表框中选择"16∶9"，然后调整裁剪框大小并选择显示区域，单击"确定"按钮，如图3-28所示。

图3-28 裁剪视频画面

↘ 3.3.3　短视频调色

下面对短视频进行调色，以增强视频画面的质感，使短视频中的各个视频片段具有统一的色调，具体操作方法如下。

短视频调色

步骤01 在时间线面板中选中"视频1"片段，在"调节"面板中单击"基础"按钮，调整"亮度""高光""阴影""光感"等参数，如图3-29所示。

图3-29　调整参数

步骤02 在时间线面板中按住【Ctrl】键的同时选中"视频4""视频5"和"视频6"片段，然后按【Ctrl+G】组合键创建组合，如图3-30所示。

步骤03 在"调节"面板中调整"亮度""对比度""高光""阴影""光感"等参数，即可对组合中的视频片段同时进行调色，如图3-31所示。采用类似的方法，对"视频7""视频10""视频11""视频12""视频17"等片段进行调色。

图3-30　创建组合

图3-31　调整参数

步骤04 在素材面板上方单击"滤镜"按钮，然后在左侧选择"影视级"类别，选择"青橙"滤镜，单击"添加到轨道"按钮➕，如图3-32所示，即可在视频片段上方的滤镜轨道中添加"青橙"滤镜。

步骤05 在"滤镜"面板中调整"强度"参数为40，如图3-33所示。

图3-32　添加"青橙"滤镜

图3-33　调整滤镜"强度"

步骤 06 采用类似的方法添加"质感暗调"滤镜并调整滤镜"强度"，预览画面调色效果，如图3-34所示。调整"青橙"和"质感暗调"滤镜的长度，使其覆盖整个短视频。

图3-34　设置"质感暗调"滤镜

↘ 3.3.4　添加视频效果

下面为短视频添加视频效果，以增强短视频的表现力，包括添加转场效果、画面特效、动画、音效等，具体操作方法如下。

添加视频效果

步骤 01 在时间线面板中将时间线指针定位到要添加转场效果的位置，在素材面板上方单击"转场"按钮，然后在左侧选择"叠化"类别，在右侧选择"闪黑"转场效果，单击"添加到轨道"按钮，如图3-35所示。

步骤 02 此时即可在时间线指针附近的视频片段之间添加"闪黑"转场效果，拖动转场效果的左端或右端，调整转场时长，如图3-36所示。采用类似的方法，在"视频20"和"视频21"片段之间添加"叠化"转场效果，在"视频23"和"视频24"片段之间添加"云朵"转场效果。

步骤 03 将时间线指针定位到要添加画面特效的位置，在素材面板上方单击"特效"按钮，然后在左侧选择"基础"类别，在右侧选择"暗角"特效，单击"添加到轨道"按钮，如图3-37所示。

步骤 04 在时间线面板中调整"暗角"特效的长度，使其覆盖采摘松茸的视频片段，如图3-38所示。

图3-35　添加"闪黑"转场效果

图3-36　调整转场时长

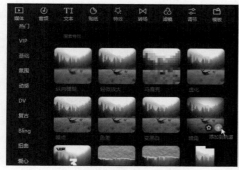

图3-37　添加"暗角"特效

图3-38　调整特效长度

步骤 **05** 在"特效"面板中调整"边缘暗度"参数为60，预览画面效果，如图3-39所示。

图3-39　调整特效参数

步骤 **06** 将"基础"类别中的"镜头变焦"特效拖至"视频2"片段上，即可为该片段单独添加特效，为"视频2"片段制作变焦放大的动画效果，如图3-40所示。

步骤 **07** 在"特效"面板中调整"放大"和"变焦速度"参数，如图3-41所示。

图3-40　添加"镜头变焦"特效

图3-41　调整特效参数

步骤 08 采用类似的方法添加"闪动光斑"特效，并调整特效长度，使其位于"视频1"和"视频2"片段的转场位置，如图3-42所示。

步骤 09 此时即可将"闪动光斑"特效用作两个视频片段的转场效果，在"播放器"面板中预览"闪动光斑"特效，如图3-43所示。

图3-42　添加"闪动光斑"特效

图3-43　预览"闪动光斑"特效

步骤 10 将"模糊开幕"特效添加到"视频1"片段上，并调整特效的长度，如图3-44所示。

步骤 11 选中"视频1"片段，在"动画"面板中单击"入场"按钮，选中"渐显"动画，在下方拖动滑块调整"动画时长"为2.5s，即可为"视频1"添加入场动画，如图3-45所示。

图3-44　添加"模糊开幕"特效

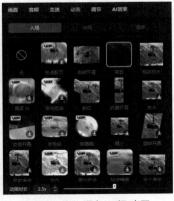

图3-45　添加入场动画

步骤 12 在素材面板上方单击"音频"按钮，然后在左侧单击"音效素材"按钮，搜索"大自然"音效，在搜索结果列表中选择"大自然白噪音"音效，单击"添加到轨道"按钮⊕，如图3-46所示。

步骤 13 在时间线面板中对添加的音效素材进行修剪，使其应用到采松茸的视频部分，如图3-47所示。

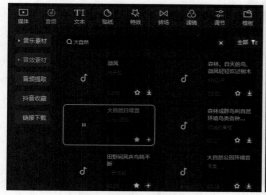

图3-46　添加音效素材

图3-47　修剪音效素材

↘ 3.3.5　添加字幕

下面使用文字模板为短视频添加标题字幕，具体操作方法如下。

步骤 01 在素材面板上方单击"文本"按钮，然后在左侧选择"片头标题"类别，在右侧选择合适的文字模板，单击"添加到轨道"按钮⊕，如图3-48所示。

添加字幕

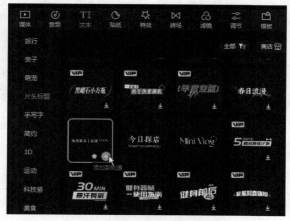

图3-48　添加文字模板

步骤 02 在"播放器"面板中选中添加的文字模板，在"文本"面板中分别修改"第1段文本"和"第2段文本"的内容，如图3-49所示。若要修改文字的格式，可以单击文本框右侧的"展开"按钮展开格式选项，在此保持默认格式。

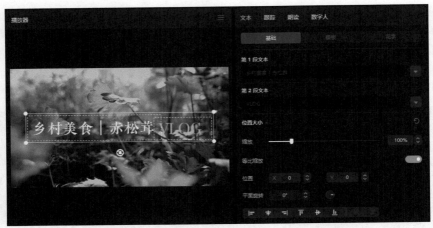

图3-49　修改文字

步骤 **03** 在时间线面板中调整文本片段的长度和位置，然后用鼠标右键单击文本片段，在弹出的快捷菜单中选择"新建复合片段"命令，创建复合片段，效果如图3-50所示。

步骤 **04** 在"动画"面板中单击"出场"按钮，选择"渐隐"动画，即可为标题文本添加出场动画，如图3-51所示。

图3-50　创建复合片段

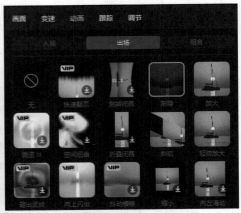

图3-51　添加出场动画

↘ 3.3.6　导出短视频

短视频制作完成后，在"播放器"面板中预览短视频的整体效果，确认不再修改后即可导出短视频。在导出短视频前，可以根据需要选择短视频中的一帧画面作为视频封面，具体操作方法如下。

导出短视频

步骤 **01** 在时间线面板中将时间线指针定位到要设为封面的帧上，然后在主轨道左侧单击"封面"按钮，在弹出的"封面选择"对话框中会自动选择时间线指针所在位置的画面作为封面，单击"去编辑"按钮，如图3-52所示。

图3-52　单击"去编辑"按钮

步骤 02　在弹出的界面中单击"裁剪"按钮，调整裁剪框大小并选择显示区域，如图3-53所示。单击"完成裁剪"按钮，然后单击"完成设置"按钮，即可完成封面图片的设置。

步骤 03　单击剪辑界面右上方的"导出"按钮，在弹出的"导出"对话框中设置"标题"和导出位置，然后在"视频导出"选项组中设置"分辨率""码率""编码""格式""帧率"等参数，单击"导出"按钮即可导出短视频，如图3-54所示。

图3-53　裁剪封面

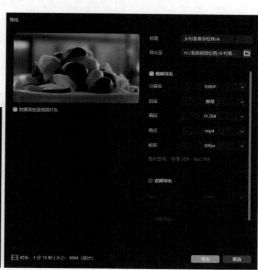

图3-54　设置导出参数

55

3.4 剪映专业版的其他特色功能

除了基本剪辑功能外，剪映专业版还提供一些其他特色功能，如文字成片、创作脚本、一起拍、模板、团队协作等，通过使用这些功能，用户可以更高效地创作短视频。

3.4.1 文字成片

使用文字成片功能可以根据文案内容一键生成短视频，从而快速制作以文案为主的短视频，具体操作方法如下。

文字成片

步骤 01 在剪映初始界面中单击"文字成片"按钮，打开"文字成片"窗口。可以在左侧选择"智能写文案"类型，并输入相关主题或描述，使用AI智能生成文案。也可以手动输入文案，在此选择"自由编辑文案"选项，如图3-55所示。

步骤 02 在打开的界面中输入文案内容，如图3-56所示。

图3-55 选择"自由编辑文案"选项

图3-56 输入文案内容

步骤 03 在右下方选择所需的朗读音色，在此选择"心灵鸡汤"音色。单击"生成视频"按钮，在弹出的菜单中选择"智能匹配素材"命令，如图3-57所示。

步骤 04 开始智能生成视频，完成后进入视频编辑界面，可以看到剪映自动为文案添加了背景音乐、音频、视频画面及字幕，如图3-58所示。用户可以根据需要调整视频效果，如替换视频素材、设置字幕文本格式等，然后导出视频即可。

图3-57 选择成片方式

图3-58 生成视频

3.4.2 创作脚本

剪映专业版中的创作脚本功能可以帮助用户编写短视频脚本，从而高效完成短视频拍摄与剪辑，创作出优质的短视频作品。在剪映初始界面中单击"创建脚本"按钮，将打开创建脚本网页。输入脚本标题，单击脚本表格中列之间的●按钮，在弹出的工具栏中选择要添加的列类型，在此选择"自定义"选项，如图3-59所示。

图3-59 添加列

将插入的列重命名为"拍摄手法"，然后根据需要采用类似的方法插入行或分镜。根据要拍摄的内容在表格中编写短视频脚本，如图3-60所示。在"大纲"中概括要拍摄的视频内容，在"分镜描述"中进一步设计具体的镜头，然后根据需要添加已拍摄的片段、描述拍摄手法、添加台词文案等。编写完成后，单击右上方的"复制到小组"按钮，即可与团队成员一起创作；单击"导入剪辑"按钮，即可将脚本导入草稿中进行剪辑。

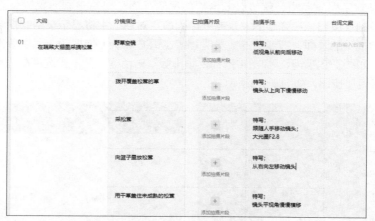

图3-60 编写短视频脚本

↘ 3.4.3 一起拍

利用剪映专业版的一起拍功能可以邀请好友一起观看视频，并将观看过程录制下来。在剪映初始界面中单击"一起拍"按钮，打开"一起拍"窗口，单击"邀请"按钮，弹出"邀请一起拍成员"对话框，将生成的链接发送给好友即可邀请好友。

一起拍

好友复制链接后，在打开剪映时剪映会提示加入合拍。加入合拍的成员可以添加视频和其他成员一起观看，可以将视频拖入窗口，也可以粘贴抖音、西瓜视频链接来识别视频。在"一起拍"窗口左下方可以设置开启或关闭麦克风和摄像头。准备好合拍后，单击窗口右下方的"开始录制"按钮，即可进行视频录制，如图3-61所示。

图3-61　"一起拍"窗口

开始录制后播放视频，就可以把合拍成员的画面和声音录制下来。录制结束后单击"停止录制"按钮，在弹出的"录制处理列表"对话框中将显示录制的视频，包括添加的视频和成员的画面，被邀请的成员需等待邀请方确认上传视频，然后单击"导入剪辑"按钮，如图3-62所示。弹出"选择视频排版"对话框，在下方选择布局和比例，然后单击"确定"按钮，如图3-63所示。

图3-62　"录制处理列表"对话框

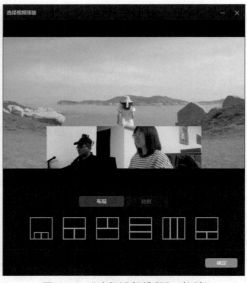

图3-63　"选择视频排版"对话框

进入剪辑界面（见图3-64），可以根据需要对录制的视频进行调整，然后导出最终的合拍视频。

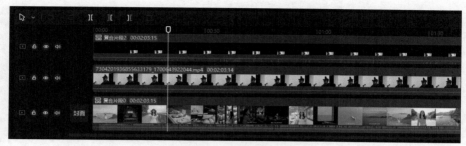

图3-64　进入剪辑界面

3.4.4　模板

剪映专业版中的模板是预先制作好的视频模板，通常包括视频片段、转场效果、画面特效、文字、调色效果等。在使用模板编辑视频时，将模板中的视频片段和文字替换为自己的素材和文字，即可快速制作短视频。

在剪映初始界面左侧选择"模板"选项，在右侧搜索框中输入关键词搜索模板，然后设置"画幅比例""片段数量""模板时长"等选项筛选出符合条件的模板，在模板列表中选择合适的模板，单击"使用模板"按钮，如图3-65所示。

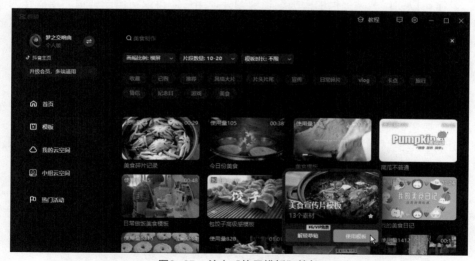

图3-65　单击"使用模板"按钮

进入模板编辑界面，在"媒体"面板中导入视频素材，并对视频素材的左端进行修剪，然后将视频素材添加到下方的视频片段上，如图3-66所示。添加视频片段后，可以根据需要对视频片段进行删除、替换、裁剪画面或修剪操作。在"文本"面板中可以替换模板中的文字，在"音频"面板中可以调整视频片段的音量。视频编辑完成后，单击右上方的"导出"按钮即可导出视频。

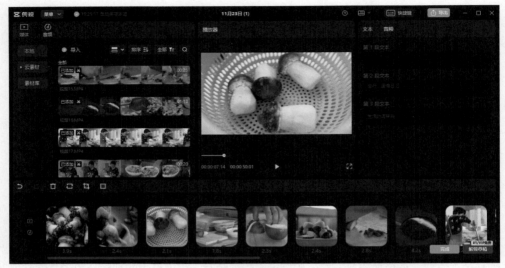

图3-66　使用模板编辑视频

剪映专业版中的模板主要有两种，一种是只能套用不能进行修改的工程草稿，另一种是可以付费解锁草稿的工程草稿，用户付费后即可浏览模板中的所有工程文件，并可自由编辑模板中的任何内容。

除了可以使用剪映提供的模板编辑视频外，用户还可以将自己剪辑的草稿作为模板。在剪映初始界面中复制草稿，进入草稿剪辑界面，导入新的媒体素材，并将素材拖至时间线面板中的视频片段上进行素材替换即可。

↘ 3.4.5　团队协作

使用剪映云小组功能可以实现多人协作剪辑，包括素材共享、编写团队脚本、分享审阅、使用团队模板等。在剪映初始界面左侧选择"小组云空间"选项，在右侧单击"创建"按钮，在弹出的对话框中输入小组名称，单击"保存并邀请"按钮，如图3-67所示。将生成的"邀请组员"链接分享给好友，好友复制链接后，打开剪映时会弹出"加入小组邀请"对话框，确定加入小组即可。

图3-67　创建小组

小组创建成功后，用户即可将草稿或视频成片等素材上传到小组云空间，供组员下载或分享审阅，如图3-68所示。用鼠标右键单击素材，在弹出的快捷菜单中选择"分享审阅"命令，即可分享素材。除此之外，用户可以使用二维码或链接进行分享，还可以根据需要设置分享权限，如允许下载、允许批注、密码保护等。

图3-68　在小组云空间上传草稿或素材

课堂实训

打开"素材文件\第3章\课堂实训\饮品制作"文件夹，使用剪映专业版剪辑一条饮品制作短视频，效果如图3-69所示。

图3-69　饮品制作短视频

本实训的操作思路如下。

（1）新建剪辑项目，将要用到的素材导入"媒体"面板。

（2）在"媒体"面板中对视频素材进行裁剪，然后将视频素材依次添加到时间线面板中，在时间线面板中对视频片段进行精确的修剪，让镜头切换更加自然、流畅。

课堂实训1

课堂实训2

（3）将音乐素材添加到音频轨道，调整背景音乐的音量，然后根据需要调整各视频片段的音量，关闭或增强视频原声。将"倒汽水"等音效素材添加到相应的视频片段中。

（4）为短视频添加"调节"效果和调色滤镜，根据需要在"调节"面板中对各视频片段进行单独调色。

（5）使用画面特效为短视频添加开幕效果。使用文本模板在短视频结尾添加字幕，在"文本"面板中设置字幕格式。

（6）为短视频设置一个封面，并导出短视频。

课后练习

1. 简述短视频剪辑的要点。

2. 简述短视频基础调整的工作内容。

3. 打开"素材文件\第3章\课后练习\美食制作"文件夹，将视频素材导入剪映专业版，制作一个美食制作短视频。

第 4 章
调整画面效果

【知识目标】
➢ 掌握为短视频添加滤镜的方法。
➢ 掌握为短视频调色的方法。
➢ 掌握为短视频制作创意合成效果的方法。
➢ 掌握调整短视频播放节奏的方法。

【能力目标】
➢ 能够对短视频进行调色。
➢ 能够为短视频制作各种创意合成效果。
➢ 能够调整短视频播放节奏。

【素养目标】
➢ 坚定文化自信，用短视频弘扬健康向上的价值观。
➢ 在短视频创作中敢于实践，勤于实践。

　　在剪映中完成对视频素材的剪辑操作后，创作者可以继续对视频进行加工润色，如添加蒙版、抠图、曲线变速，或者对视频画面进行调色处理。这些操作可以使剪辑后的视频画面更加完整和精致，更具欣赏价值。

4.1 运用滤镜调色

滤镜是剪映的基础功能之一，它可以帮助用户在视频剪辑中快速调整视频画面的色彩，从而实现画面的风格化和个性化。下面介绍如何使用滤镜对视频素材进行调色。

4.1.1 常用的滤镜

剪映中有数十种风格的滤镜，它们可以满足大多数视频制作的需求，如图4-1所示。需要注意的是，不同的滤镜会使画面产生不同的效果，因此在使用滤镜时需要根据自己的需求和画面的特点进行选择和调整。

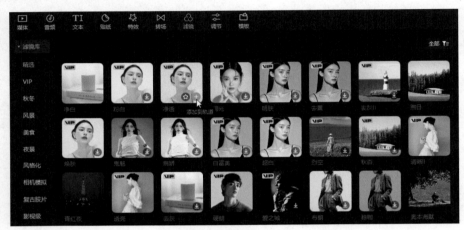

图4-1　"滤镜"面板

将滤镜拖至时间线面板中的一个视频片段上，即可将其应用到该视频片段中，如图4-2所示。在素材面板上方单击"添加到轨道"按钮，此时添加的滤镜就会显示在滤镜轨道上，自由调整滤镜的长度和位置，即可将其应用于指定区域，如图4-3所示。

图4-2　将滤镜应用于所选视频片段

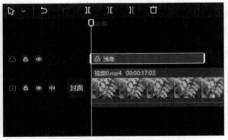

图4-3　在滤镜轨道中添加滤镜

1. 风景

"风景"类别中包含"浅岛""旷野""花园""绿妍"等滤镜，这一类滤镜主要用于改变画面的整体色调，让风景的颜色变得更加透亮、鲜艳。图4-4所示为添加"绿妍"滤镜前后的画面效果。

图4-4 添加"绿妍"滤镜前后的画面效果

2. 美食

"美食"类别中包含"烘焙""西餐""料理""气泡水"等滤镜,这一类滤镜主要用于食物,可以增强食物的色彩鲜艳度,让食物看起来更加诱人。图4-5所示为添加"西餐"和"暖食"滤镜前后的画面效果。

图4-5 添加"西餐"和"暖食"滤镜前后的画面效果

3. 风格化

"风格化"类别中包含"月辉""暗夜""赛博朋克""ABG"等滤镜,这一类滤镜用于改变画面的整体风格,为其添加特定的艺术效果,营造出独特的视觉效果。图4-6所示为添加"赛博朋克"滤镜前后的画面效果。

图4-6 添加"赛博朋克"滤镜前后的画面效果

4. 影视级

"影视级"类别中包含"青橙""黑豹""高饱和""闻香识人"等滤镜,使用这一类滤镜不仅能让画面充满色彩对比,还能体现短视频中人物的各种情绪。图4-7所示为添加"青橙"滤镜前后的画面效果。

图4-7　添加"青橙"滤镜前后的画面效果

5. 人像

"人像"类别中包含"亮肤""粉肤""冷白""奶油"等滤镜，使用这一类滤镜可以在保持画面自然真实的基础上，使人物的肤色更加均匀、明亮，同时减少皮肤的瑕疵，让人物看起来更加出众。图4-8所示为添加"粉瓷"和"亮肤"滤镜后的画面效果。

图4-8　添加"粉瓷"和"亮肤"滤镜前后的画面效果

6. 黑白

"黑白"类别中包含"黑胶唱片""布朗""江浙沪""默片"等滤镜，这一类滤镜通过去除彩色信息、强调光影和构图凸显短视频的主题和细节。图4-9所示为添加"默片"滤镜前后的画面效果。

图4-9　添加"默片"滤镜前后的画面效果

↘ 4.1.2　调出复古港风色调

复古港风色调通常具有饱满的色彩和强烈的对比度。本案例介绍如何调出复古港风色调，具体操作方法如下。

步骤 **01** 将视频素材拖至时间线上，在素材面板上方单击"滤镜"按钮 ，选择"复古胶片"类别中的"港风"滤镜，将其拖至"视频1"

调出复古港风色调

片段上，如图4-10所示。

步骤02 在"调节"面板中设置"亮度"为-7，"对比度"为15，"阴影"为-7，"暗角"为15，如图4-11所示。

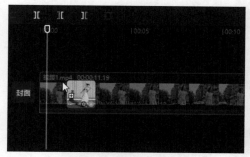
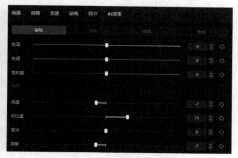

图4-10 添加"港风"滤镜　　　　　　　图4-11 视频画面基础调色

步骤03 在"播放器"面板中预览此时的视频效果，如图4-12所示。单击"导出"按钮，即可导出短视频。

图4-12 预览视频效果

4.1.3 调出赛博朋克色调

在视觉设计中，赛博朋克风格主要以青蓝色和洋红色为主色调，能够营造出一种未来科技感。这种风格适用于夜景、霓虹灯、人工智能和虚拟现实等场景。

本案例介绍如何调出赛博朋克色调，具体操作方法如下。

调出赛博朋克色调

步骤01 将"视频1"和音频素材拖至时间线上，选中音频素材，在工具栏中单击"自动踩点"按钮，选择"踩节拍Ⅱ"选项，如图4-13所示。

步骤02 拖动时间线指针至第3个节拍点位置，按【Ctrl+B】组合键分割视频素材，在"调节"面板中调整"色温""色调""饱和度""对比度"等参数，如图4-14所示。

步骤03 在素材面板上方单击"滤镜"按钮，选择"风格化"类别中的"赛博朋克"滤镜，单击"添加到轨道"按钮，然后在"滤镜"面板中设置"强度"为60，如图4-15所示。

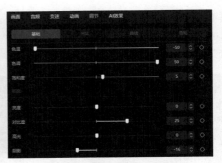

图4-13 添加节拍点 　　　　　　　图4-14 视频画面基础调色

图4-15 添加"赛博朋克"滤镜

步骤 04 在素材面板上方单击"特效"按钮 ，在"光"类别中选择"边缘发光"特效，并将其添加到时间线上，如图4-16所示。

步骤 05 在"播放器"面板中预览此时的视频效果，如图4-17所示。单击"导出"按钮，即可导出短视频。

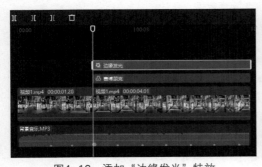

图4-16 添加"边缘发光"特效 　　　　图4-17 预览视频效果

4.2 短视频调色

在拍摄短视频时，受环境光线、拍摄设备等因素的影响，拍出的画面可能会出现色感欠缺、层次不明等情况，这时就需要对其进行后期的调色处理。

↘ 4.2.1 短视频调色原理

在短视频制作中，调整色调是一项非常重要的技能。合理地运用色调可以增强短视频的视觉冲击力和情感表达力，提升观众的观看体验。色调通常是指视频画面色彩的基本倾向，可以通过调整画面中不同颜色的组合和分布调整色调。

色调有3种基本属性，分别是色相、明度和饱和度，如图4-18所示。色相是指色彩的相貌，即通常所讲的红、橙、黄、绿、青、蓝、紫等不同的色彩，它决定了画面的基本色调和色彩倾向；明度是指颜色的亮度，它能影响画面的亮度和对比度；饱和度是指颜色的鲜艳程度，它能影响画面的色彩对比度和鲜艳度。

色相对比、明度对比、饱和度对比、冷暖对比、互补色对比等是构成色彩效果的重要手段。其中，互补色对比是指在色环上间隔约180°的两种颜色的对比，如黄色和蓝色、红色和绿色等，如图4-19所示。这种对比能使画面具有非常强烈的视觉效果，充满活力。

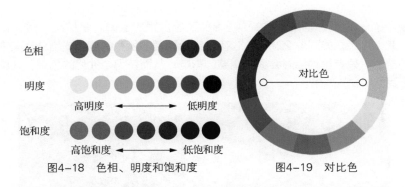

图4-18　色相、明度和饱和度　　　　图4-19　对比色

不同的视频内容需要用不同的色调来表现。例如，表现大海时宜以蓝色为主色调，这样可以更好地表现出大海的美丽和神秘。在短视频制作中用色要简洁，不要使用过多的色彩，因为过多的色彩会使画面显得杂乱无章，不利于表达主题。因此，在确定画面色调时，应选择一两种主色调，使画面色彩简洁明了。

↘ 4.2.2 基础调节

滤镜并不是万能的，不能适配所有画面，所以有时需要进行色彩调节使画面效果达到最优。使用剪映的基础调节功能不仅可以矫正画面的颜色，还可以对画面的色调进行风格化处理。

在剪映专业版中进行基础调节有两种方法：一是在"调节"面板中调整"色温""色调""饱和度""亮度""对比度"和"高光"等各项参数，如图4-20所示；二是在素材面板上方单击"调节"按钮，选择"自定义调节"，然后单击"添加到轨道"按钮，此时添加的调节就会显示在调节轨道上。后一种调节方式可以同时作用于多个视频，而且创作者可以为一段视频素材添加多个自定义调节，从而产生叠加的效果，如图4-21所示。

图4-20　"调节"面板　　　　　　　图4-21　添加多个自定义调节

↘ 4.2.3　HSL调色

HSL代表色相（Hue）、饱和度（Saturation）和亮度（Lightness），这3个参数构成了颜色模式的基础。利用HSL调色功能可以对视频素材中的颜色进行微调，使视频的色彩更加丰富、饱满。通过使用这种调色方式，用户可以更加精确地控制画面的色彩效果。

剪映中的HSL调色功能一共提供了8种颜色供用户选择，包括红、橙、黄、绿、青、蓝、紫、洋红，如图4-22所示。这8种颜色覆盖了所有的颜色，当选择其中一种颜色进行调整时，只有这种色彩会受到调整的影响，从而获得个性化的色调，让画面的色调更接近我们想要的效果。

图4-22　HSL调色功能

在此单击"黄色"按钮◯，向右拖动"饱和度"滑块，使画面中的黄色更加鲜艳，如图4-23所示；向左拖动"饱和度"滑块，画面中的黄色会变得更加偏向于灰色，如图4-24所示。

图4-23　提高黄色的饱和度　　　　　　图4-24　降低黄色的饱和度

↘ 4.2.4　曲线调色

在"调节"面板中单击"曲线"按钮，可以看到4条曲线，分别是"亮度""红色通道""绿色通道"和"蓝色通道"。曲线的原始状态是一条倾斜角度为45°的斜线，每条曲线的横坐标从左到右分别对应着画面中的阴影区、中间调和高光区，曲线的纵坐标则代表像素数量。

在此以"亮度"曲线为例，在曲线上单击以添加锚点并向上拖动锚点，即可提高该区域的亮度，如图4-25所示；向下拖动锚点，即可降低该区域的亮度，如图4-26所示。除此之外，还可以通过调整曲线形状实现更加细致的调色效果。

图4-25　提高亮度　　　　　　　　　　　　　　图4-26　降低亮度

曲线调色功能是根据颜色的互补关系来调整颜色的，在此以"绿色通道"为例，在曲线上添加锚点并向上拖动锚点，即可增加画面中的绿色，如图4-27所示；向下拖动锚点，即可增加画面中的红色，如图4-28所示。

图4-27　增加绿色　　　　　　　　　　　　　　图4-28　增加红色

↘ 4.2.5　色轮调色

色轮是由不同颜色的色块组成的圆环，通常分为12个颜色区域，以红、橙、黄、绿、青、蓝、紫为基本颜色。剪映专业版中的色轮调色功能包含4个色轮，分别对应着画面中的阴影部分（暗部）、中间调部分（中灰）、高光部分（亮部）及画面整体（偏移），如图4-29所示。

每个色轮的左侧是饱和度调整工具，上下拖动三角滑块可以调整相应部分颜色的饱和度，如图4-30所示；每个色轮的右侧是亮度调整工具，上下拖动三角滑块可以调整相应部分的亮度，如图4-31所示；每个色轮中间的圆点是色倾调整工具，往哪种颜色拖动圆点，相应部分的颜色就会往哪种颜色偏移，如图4-32所示。

图4-29　色轮调色功能

图4-30　调整饱和度

图4-31　调整亮度　　　　　图4-32　调整色倾

↘ 4.2.6　调出森系小清新色调

森系小清新色调通常以自然色彩（如绿色、蓝色等）为主，这种色调能够给人带来舒适、放松的感觉。本案例介绍如何调出森系小清新色调，具体操作方法如下。

调出森系小清新色调

步骤 01　将视频素材拖至时间线上，在素材面板上方单击"滤镜"按钮图，选择"风景"类别中的"绿妍"滤镜，将其拖至"视频1"片段上，如图4-33所示。

步骤 02　在"调节"面板中设置"色温"为-8，"亮度"为4，"对比度"为4，"高光"为-18，"阴影"为18，"光感"为-15，如图4-34所示。

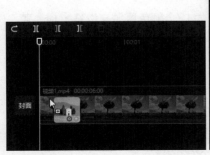

图4-33　选择"绿妍"滤镜

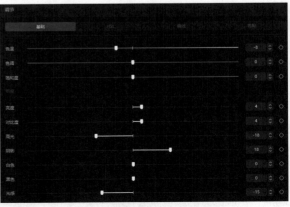

图4-34　视频画面基础调色

步骤 03　在"调节"面板中单击HSL，单击"橙色"按钮◉，设置"饱和度"为35，"亮度"为35，如图4-35所示。

步骤 04　单击"绿色"按钮◉，设置"色相"为16，"饱和度"为31，"亮度"为54，如图4-36所示。

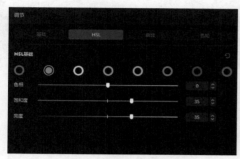

图4-35　调整画面中的橙色　　　　　　　　　图4-36　调整画面中的绿色

步骤 05　采用类似的方法调整"洋红"的参数，以增加画面中洋红色的饱和度，如图4-37所示。

步骤 06　森系小清新色调制作完成，预览此时的视频效果，如图4-38所示。

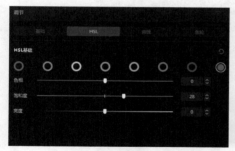 

图4-37　调整画面中的洋红色　　　　　　　　图4-38　预览视频效果

↘ 4.2.7　调出青橙电影色调

青橙电影色调以青绿色和橙黄色为主，这种色调的独特之处在于其冷暖色对比强烈，能够给人以强烈的视觉冲击。使用这种色调可以提升画面的质感。本案例介绍如何调出青橙电影色调，具体操作方法如下。

调出青橙电影色调

步骤 01　将视频素材拖至时间线上，在素材面板上方单击"滤镜"按钮⊘，选择"影视级"类别中的"青橙"滤镜，如图4-39所示。

步骤 02　将"青橙"滤镜拖至时间线上，调整滤镜的长度，使其右端与"视频1"片段的右端对齐，如图4-40所示。

步骤 03　选中"视频1"片段，在素材面板上方单击"调节"按钮⊶，选择"自定义调节"，然后单击"添加到轨道"按钮⊕，在"调节"面板中调整"色温""色调""对比度""光感"等参数，如图4-41所示。

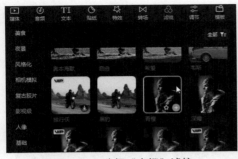
图4-39　选择"青橙"滤镜

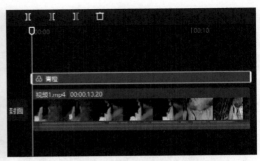
图4-40　添加"青橙"滤镜

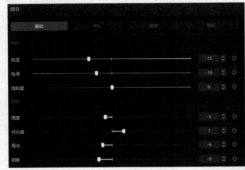

图4-41　视频画面基础调色

步骤 04 在素材面板上方单击"滤镜"按钮，选择"人像"类别中的"亮肤"滤镜，将滤镜拖至时间线上，在"播放器"面板中预览此时的视频效果，如图4-42所示。

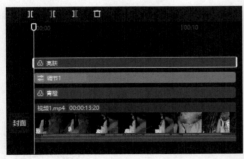

图4-42　添加"亮肤"滤镜并预览视频效果

4.3　使用蒙版与混合模式

蒙版和混合模式是两个非常实用的功能，它们可以帮助用户实现各种创意合成和特殊效果。下面介绍剪映中的蒙版与混合模式，以及它们的应用技巧。

↘ 4.3.1　认识蒙版

在视频剪辑过程中，有时我们希望突出展示画面的特定部分，同时将其他部分进行遮盖，这时就可以利用蒙版来实现这样的效果。蒙版是一种遮罩效果，使用蒙版可以使视频的部分区域呈现出不同的效果，如无缝转场、镜像反转、局部动画等。

在"画面"面板中单击"蒙版"按钮，可以看到目前剪映中的蒙版包括"线性""镜面""圆形""矩形""爱心"和"星形"6种，如图4-43所示。

图4-43　6种蒙版

用户可以根据需要选择不同的蒙版，并通过拖动功能按钮或者直接输入数值的方式调整蒙版的位置和大小，以便让蒙版覆盖到想要盖住的位置。

在此以"镜面"蒙版为例，应用蒙版后在"播放器"面板中可以看到此时蒙版的周围分布着几个功能按钮，如图4-44所示。拖动蒙版，即可调整蒙版的位置，如图4-45所示。

图4-44　应用"镜面"蒙版　　　　　　　　图4-45　调整蒙版位置

拖动蒙版上方的"羽化"按钮，即可对蒙版进行羽化处理，使画面形成一定的过渡效果，如图4-46所示。拖动蒙版下方的"旋转"按钮，即可调整蒙版的角度，如图4-47所示。

拖动蒙版中的控制柄，即可调整蒙版的大小，如图4-48所示。在功能面板中单击"反转"按钮，即可将蒙版反转，以改变作用区域，如图4-49所示。

图4-46 羽化蒙版

图4-47 调整蒙版角度

图4-48 调整蒙版大小

图4-49 反转蒙版

↘ 4.3.2 认识混合模式

利用剪映中的混合模式可以将不同轨道中的两个或多个视频画面混合在一起，从而创造出更丰富的视觉效果。该功能是剪映中比较常用的功能之一。剪映为用户提供了3种类型的混合模式，包括减淡型、加深型和对比型。不同的混合模式有不同的算法和作用，用户可以根据需要选择合适的混合模式。

在"画面"面板中单击"基础"按钮，然后单击"混合模式"的下拉按钮，在下拉列表中选择所需的混合模式，默认的"混合模式"为"正常"，如图4-50所示。下面以两个视频素材为例，对3种不同类型的混合模式分别进行介绍。

图4-50 "正常"混合模式

1. 减淡型

减淡型混合模式包含"变亮""滤色""颜色减淡"3种混合模式。使用减淡型混合模式后，当前画面中较暗的部分消失，较亮的部分保留。使用减淡型混合模式不仅可以增加整体画面的明亮度，还可以在特定场景下突出亮部细节，使画面看起来更加生动。"变亮"和"滤色"混合模式的效果如图4-51所示。

图4-51 "变亮"和"滤色"混合模式效果

2. 加深型

加深型混合模式包含"变暗""颜色加深""线性加深""正片叠底"4种混合模式。其作用与减淡型混合模式相反，使用加深型混合模式后，当前画面中较亮的部分消失，较暗的部分保留。使用加深型混合模式可以增加画面的对比度，突出画面的细节和阴影部分。"变暗"和"颜色加深"混合模式的效果如图4-52所示。

图4-52 "变暗"和"颜色加深"混合模式效果

3. 对比型

对比型混合模式包含"叠加""强光""柔光"3种混合模式，可以让混合后的画面暗部变得更暗，亮部变得更亮，能够起到提高对比度和颜色饱和度的作用。"叠加"和"强光"混合模式的效果如图4-53所示。

图4-53 "叠加"和"强光"混合模式效果

↘ 4.3.3 制作双重曝光效果

本案例主要使用混合模式和滤镜制作一个父亲节双重曝光效果的短视频，具体操作方法如下。

制作双重曝光效果

步骤01 将视频素材拖至时间线上，在素材面板上方单击"滤镜"按钮 🎞，选择"影视级"类别中的"深褐"滤镜，如图4-54所示。

步骤02 将"深褐"滤镜拖至时间线上，调整滤镜的长度，使其右端与"视频2"片段的右端对齐，如图4-55所示。

图4-54 选择"深褐"滤镜

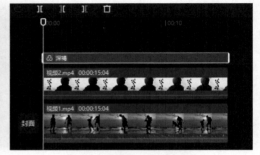

图4-55 添加"深褐"滤镜

步骤03 选中"视频2"片段，在"画面"面板中单击"基础"按钮，然后在"混合模式"下拉列表框中选择"变亮"混合模式，此时的视频效果如图4-56所示。单击"导出"按钮，即可导出短视频。

图4-56 选择"变亮"混合模式

↘ 4.3.4 制作夜景开灯效果

下面利用蒙版制作非常"炫酷"的夜景开灯效果，具体操作方法如下。

制作夜景开灯效果

步骤01 将视频和音频素材拖至时间线上，选中音频片段，在工具栏中单击"自动踩点"按钮 🎵，选择"踩节拍 Ⅱ"选项，如图4-57所示。

步骤02 复制"视频1"片段到画中画轨道中，拖动时间线指针至第2个节拍点位置，按【Q】键对视频片段的左端进行修剪，如图4-58所示。

步骤03 在素材面板上方单击"滤镜"按钮 🎞，选择"黑白"类别中的"默片"滤镜，将滤镜拖至主轨道中的"视频1"片段上，然后在"滤镜"面板中设置"强度"为80，如图4-59所示。

图4-57 添加节拍点

图4-58 裁剪视频片段

图4-59 添加"默片"滤镜

步骤 04 选中画中画轨道中的视频片段，然后单击"蒙版"按钮，选择"圆形"蒙版，设置"羽化"为8，在"播放器"面板中调整蒙版的大小和位置，如图4-60所示。

图4-60 选择"圆形"蒙版

步骤 05 采用类似的方法，根据音乐节拍点的位置为其他画中画片段添加"圆形"蒙版，如图4-61所示。

步骤 06 夜景开灯效果制作完成，预览此时的视频效果，如图4-62所示。

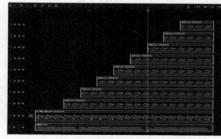
图4-61 为其他片段添加"圆形"蒙版

图4-62 预览视频效果

4.4 抠图与关键帧

在制作短视频时，创作者可以在剪映中使用抠图和关键帧功能来制作合成特效，如常见的换天空和人物分身效果等，让短视频更加炫酷、精彩。

↘ 4.4.1 认识抠图

剪映专业版提供了色度抠图、自定义抠像和智能抠像3种抠图功能，使用这些功能可以轻松实现视频素材的抠像和背景替换，为视频编辑带来更多的可能性。

1. 色度抠图

色度抠图是剪映中一种非常实用的功能，可以将画面中不想要的颜色区域（如绿幕、蓝幕等）抠除。在画面中移动圆环取色器，在绿色背景上单击，然后对颜色的"强度"和"阴影"进行调整，视频素材中的绿色区域就会被抠除，效果如图4-63所示。

图4-63　使用色度抠图功能抠除绿色区域

2. 自定义抠像

自定义抠像功能使用起来相对比较自由，用户可以使用"智能画笔"工具 在画面上自由绘制抠像区域，此时剪映会自动识别并去除该区域外的区域，如图4-64所示。用户还可以使用"智能橡皮"工具 和"橡皮擦"工具 对抠像区域进行微调，以达到最佳效果。

图4-64　使用自定义抠像功能抠取指定区域

3. 智能抠像

智能抠像功能主要用于抠取人像，它可以将人物快速地从背景中分离出来，从而进行替换人物背景等操作，如图4-65所示。

图4-65　使用智能抠像功能抠取人像

↘ 4.4.2 认识关键帧

视频剪辑中的关键帧是视频时间线上的重要节点，用于标记视频中某个参数的特定值，如"位置""缩放""不透明度""旋转"等。通过添加关键帧，可以实现对画面的精确控制，使原本静止的元素动起来，以制作各种动态效果，如动态相册、文字变色、滚动字幕等。

当需要添加关键帧时，拖动时间线指针到想要添加关键帧的位置，调整相应的参数并在功能面板中单击"添加关键帧"按钮◇即可，如图4-66所示。

图4-66 剪映专业版中的关键帧

↘ 4.4.3 制作人物穿越文字效果

在了解了抠图和关键帧功能后，就可以利用它们创作出许多令人意想不到的创意合成视频。本案例制作人物穿越文字效果，具体操作方法如下。

制作人物穿越
文字效果

步骤 01 将视频和音频素材拖至时间线上，选中"视频2"片段，如图4-67所示。

步骤 02 在"画面"面板中单击"基础"按钮，然后在"混合模式"下拉列表框中选择"滤色"混合模式，如图4-68所示。

图4-67 选中"视频2"片段

图4-68 选择"滤色"混合模式

步骤 03 复制"视频1"片段到画中画轨道中，然后单击"抠像"按钮，勾选"智能抠像"复选框，对人像视频进行抠像处理，如图4-69所示。

图4-69 勾选"智能抠像"复选框

步骤 04 将时间线指针定位到2s的位置，单击"基础"按钮，然后单击"不透明度"右侧的"添加关键帧"按钮◇。采用类似的方法，将时间线指针定位到5s的位置，设置"不透明度"为0%，如图4-70所示。此时，人物穿越文字效果制作完成。

图4-70 添加关键帧

4.5 曲线变速、定格与倒放

剪映提供了曲线变速、定格与倒放功能，它们能够帮助创作者轻松制作多样化的视频效果。

↘ 4.5.1 认识曲线变速、定格与倒放

利用曲线变速、定格与倒放这3个功能可以更好地掌控视频的节奏，下面分别对这3个功能进行介绍。

1. 曲线变速

利用曲线变速功能可以有针对性地对一段视频中的不同部分进行加速或减速处理，让视频具有节奏感，从而提升观众的观看体验。

在"变速"面板中通过调整曲线变速的参数，可以实现视频播放速度的任意变化。曲线变速包括"自定义""蒙太奇""英雄时刻""子弹时间""跳接""闪进"和"闪出"7种类型，如图4-71所示。

图4-71 曲线变速的类型

在此以"蒙太奇"曲线变速为例，曲线上的锚点除了可以上下拖动外，还可以左右拖动，如图4-72所示。选中锚点后，单击"删除"按钮█，即可将其删除。

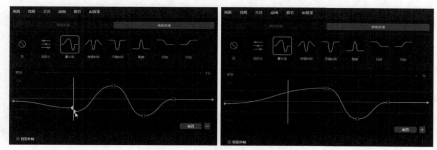

图4-72 拖动锚点

2. 定格

利用定格功能能够使短视频突然停止在某一个画面上，该功能通常用于制作一些特殊的视觉效果，如突出某个特定的画面细节或呈现一种静态的美感。

在时间线面板中选中视频片段，拖动时间线指针至需要定格的位置，在工具栏中单击"定格"按钮█，即可生成3s的静止画面，如图4-73所示。

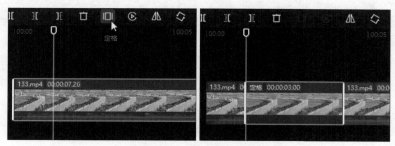

图4-73 单击"定格"按钮

3. 倒放

利用倒放功能让短视频从后向前进行播放，可以创造出一种时间倒流的视觉效果，为短视频增添独特的魅力。

↘ 4.5.2 制作人物出场介绍效果

本案例主要使用曲线变速、定格、倒放和关键帧等功能制作人物出场介绍效果，具体操作方法如下。

制作人物出场
介绍效果

步骤 01 将视频和音频素材拖至时间线上，选中音频片段，在工具栏中单击"自动踩点"按钮🎵，选择"踩节拍Ⅱ"选项，如图4-74所示。

步骤 02 拖动时间线指针至需要定格的位置，选中"人物"片段，在工具栏中单击"定格"按钮🞂，如图4-75所示，然后删除定格片段后的素材。

图4-74　添加节拍点

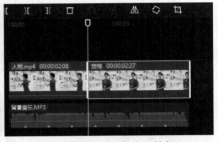

图4-75　单击"定格"按钮

步骤 03 选中"人物"片段，在"变速"面板中单击"曲线变速"按钮，然后选择"闪出"曲线变速，如图4-76所示。

步骤 04 在素材面板上方单击"媒体"按钮▣，在"素材库"类别中搜索"渐变背景素材 动态PPT MG动画"素材，将其拖至主轨道中，在工具栏中单击"倒放"按钮◐，然后将定格片段拖至画中画轨道中，如图4-77所示。

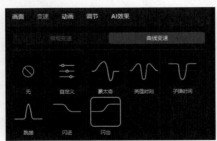

图4-76　选择"闪出"曲线变速

图4-77　单击"倒放"按钮

步骤 05 选中定格片段，在"画面"面板中单击"抠像"按钮，勾选"智能抠像"复选框，对人像视频进行抠像处理。拖动时间线指针至定格片段的左端，单击"基础"按钮，然后单击"缩放"右侧的"添加关键帧"按钮◇，如图4-78所示。

步骤 06 向右拖动时间线指针，设置"缩放"参数为120%，然后在时间线面板中复制定格片段，如图4-79所示。

步骤 07 在素材面板上方单击"特效"按钮🎭，在"漫画"类别中选择"荧光线描"特效，将其拖至画中画轨道中第1层的定格片段中。此时会发现描边效果不是很明显，因此继续为人物添加一个"荧光线描"特效，如图4-80所示。

步骤 08 在"混合模式"下拉列表框中选择"滤色"混合模式，去掉黑色背景，如图4-81所示。

图4-78　添加关键帧

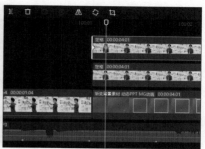

图4-79　缩放并复制定格片段

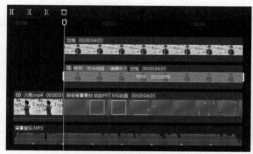

图4-80　添加"荧光线描"特效

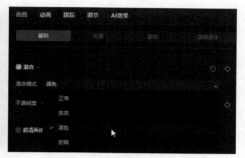

图4-81　选择"滤色"混合模式

步骤 09 在素材面板上方单击"文本"按钮**TI**，在"片尾谢幕"类别中选择合适的文字模板，然后在"文本"面板中编辑文字，如图4-82所示。单击"导出"按钮，即可导出短视频。

图4-82　选择并编辑文字模板

课堂实训

1. 打开"素材文件\第4章\课堂实训\黑金色调"文件夹，将视频素材导入剪映专业版，对视频素材进行黑金色调调色，前后对比效果如图4-83所示。

图4-83　黑金色调调色前后的效果

本实训的操作思路如下。

（1）为视频素材添加"黑金"滤镜。

（2）在画中画轨道中添加"黑场"素材，设置"黑场"素材的混合模式为"柔光"。

课堂实训1

（3）在"调节"面板中调整参数，调大"饱和度""亮度""对比度""光感""锐化"等的值，将"色温"向黄色调整，"色调"向洋红色调整。

2．打开"素材文件\第4章\课堂实训\抠图与关键帧"文件夹，将视频素材导入剪映专业版，制作画面合成特效，效果如图4-84所示。

图4-84　画面合成特效

本实训的操作思路如下。

（1）添加海洋视频素材和鲸鱼素材，将鲸鱼素材移至画中画轨道。

（2）使用色度抠图功能抠出鲸鱼主体，对鲸鱼素材进行变速处理。

课堂实训2

（3）使用关键帧制作鲸鱼位移动画，使鲸鱼从左侧进入画面，从右侧离开画面。

课后练习

1．打开"素材文件\第4章\课后练习\视频调色"文件夹，将视频素材导入剪映专业版，对视频进行森系小清新调色和青橙电影调色。

2．打开"素材文件\第4章\课后练习\变速调整"文件夹，使用曲线变速功能调整视频播放节奏。

第 5 章
添加转场与特效

【知识目标】

➢ 了解技巧性转场与非技巧性转场，以及常见的转场效果。
➢ 掌握为短视频添加转场效果的方法。
➢ 了解常见的画面特效和人物特效。
➢ 掌握为短视频添加特效的方法。

【能力目标】

➢ 能够根据需要为短视频添加合适的转场效果。
➢ 能够根据需要为短视频添加不同的特效。

【素养目标】

➢ 坚持系统观念，从系统思维出发来提升视频画面效果。
➢ 提高艺术修养，通过创作展现自己的思想、格调、创意与品位。

　　在短视频制作中，添加合适的转场和特效是赋予作品独特魅力和表达力的关键因素。它们不仅有助于平滑地切换场景，还可以为短视频增添独特的氛围、情感和视觉吸引力。本章将详细介绍如何为短视频添加转场与特效，以提升短视频的视觉冲击力和艺术感。

5.1 认识转场

在短视频后期编辑过程中，总少不了添加转场。在短视频中添加转场可以将两个或多个不同的画面连接在一起，以实现平滑过渡的效果。并且，不同的转场效果也有其独特的视觉语言，能够传达不同的信息。转场主要分为两种，即技巧性转场和非技巧性转场，下面分别对这两种转场方式进行介绍。

5.1.1 认识技巧性转场

技巧性转场是指剪辑师在对短视频进行后期处理时，通过剪辑软件在素材间添加各种转场效果，如叠化、淡入、淡出、划入、划出、翻页、定格、多屏画面等，将场景从一个地点或时间转移到另一个地点或时间的过程。

添加技巧性转场可以增强短视频的表现力和提升短视频的观赏性，使画面更加生动有趣。以下是几种常见的技巧性转场方式。

1. 叠化转场

叠化转场将前后两个画面相互叠加，并使前一个画面逐渐消失，后一个画面逐渐显现，能够使视频更流畅，如图5-1所示。这种转场方式主要用于表现时间的流逝、空间的变化，或者从现实场景切换到回忆、梦境等。

图5-1 叠化转场

2. 淡入、淡出转场

淡入、淡出转场通过在两个画面之间进行交叉淡入淡出实现场景的平滑切换或表现时间的流逝。它通过让画面逐渐从黑暗中浮现（见图5-2）或者从清晰状态转化为淡化状态，来表达剧情的开始或结束。这种转场方式节奏舒缓，具有抒情意味，并能给观众以视觉上的间歇，同时也能增强剧情的连贯性。

图5-2 淡入转场

3. 划入、划出转场

划入、划出转场通过移动画面的一部分实现场景的切换。划入转场是指下一个场景的画面从某个方向逐渐进入屏幕（如图5-3所示），而划出转场则是指前一个场景的画面从某个方向逐渐退出屏幕。划入的方向和划出的方向可以根据需要进行选择，如横向、纵向、对角线等。

图5-3 划入转场

5.1.2 认识非技巧性转场

非技巧性转场，又称无技巧性转场，是指利用前后镜头之间的逻辑关系和视觉上的相似性来实现场景的平滑切换。这种转场方式没有使用太多的特效或技巧，能够让观众感到自然、舒适，不会显得过于突兀或使视频不连贯。以下是几种常见的非技巧性转场方式。

1. 相似性转场

相似性转场利用前后两个镜头之间的相似性或关联性来实现场景的平滑切换。这些相似性或关联性可以包括颜色、形状、动作和主体等元素。这种转场方式能够实现视觉上的连贯性，让观众在观看过程中不会感到突兀。例如，前一个镜头是旋转的风车，后一个镜头是旋转的飞机螺旋桨，利用前后镜头都有"旋转"这一元素，将场景从乡村过渡到城市，从而得到自然、流畅的转场效果，如图5-4所示。

图5-4 相似性转场

2. 空镜头转场

空镜头转场通过在两个镜头之间插入一个空镜头实现间隔转场。空镜头可以是以景为主的镜头，如天空、田野、乡村等，也可以是以物为主的镜头，如街道上的人流、飞驰而过的汽车等，如图5-5所示。空镜头转场通常用于表现时间的流逝、环境氛围或情感的变化，能够起到过渡、缓冲的作用。

图5-5 空镜头转场

3．遮挡转场

遮挡转场是指在前一镜头即将结束时，用一些物体将镜头遮挡，并以此遮挡画面作为后一个镜头的开场画面，可以实现流畅的场景转换效果，如图5-6所示。这种转场方式可以将"过场戏"省略，从而加快画面节奏。如果前后两个画面的主体相同，还能起到强调与突出主体的作用。

图5-6　遮挡转场

4．两级镜头转场

两级镜头转场利用两个差异较大的景别的镜头来实现转场，例如前一个镜头是远景，后一个镜头是特写，如图5-7所示。这种转场方式由于前后镜头在景别上的对比悬殊，能够形成明显的段落间隔，从而增强短视频的节奏感。

图5-7　两级镜头转场

5．声音匹配转场

声音匹配转场利用声音的相似性或延续性来实现转场。例如，前一个镜头中响起了电话铃声，后一个镜头就出现人物接电话的画面，这样的转场符合观众的心理预期，能够使画面实现平滑过渡。

↘ 5.1.3　常见的转场效果

剪映提供了大量的转场效果，并对这些转场效果进行了分组，包括"叠化""运镜""模糊""幻灯片"等，如图5-8所示。下面介绍剪映中一些常见的转场效果。

图5-8　"转场"面板

1. 叠化

"叠化"类别中包含"雾化""叠化""闪黑""闪白""叠加"等转场效果，图5-9所示为添加"叠化"转场效果后的画面效果。在短视频剪辑过程中，画面转换的连贯性非常重要，使用"叠化"这一类转场效果可以实现画面的渐变、过渡和混合等效果，从而让两个画面之间的转换更加自然、流畅。

图5-9　添加"叠化"转场效果

2. 运镜

"运镜"类别中包含"震动""抖动""推进""色差顺时针""3D空间"等转场效果，使用这一类转场效果可以制造出画面回弹和动感模糊的效果，从而更有效地吸引观众的注意力。图5-10所示为添加"推进"转场效果后的画面效果。

图5-10　添加"推进"转场效果

3. 模糊

"模糊"类别中包含"放射""模糊""粒子""马赛克"等转场效果，使用这一类转场效果可以营造出一种梦幻、神秘的氛围，或者将不重要的背景模糊，从而使画面瞬间切换，突出画面的变化和速度感。图5-11所示为添加"粒子"转场效果后的画面效果。

图5-11　添加"粒子"转场效果

4. 幻灯片

"幻灯片"类别中包含"风车""翻页""倒影""开幕""爱心上升"等转场效果，这一类转场效果主要通过一些简单的画面运动将多个视频片段或图像画面组合在一起，通常用于强调时间或空间的变化。图5-12所示为添加"翻页"转场效果后的画面效果。

图5-12　添加"翻页"转场效果

5. 光效

"光效"类别中包含"复古漏光""炫光""光束""闪动光斑""扫光"等转场效果，这一类转场效果主要利用光影的变化和闪烁使画面平滑过渡，让短视频看起来更高级。图5-13所示为添加"炫光Ⅱ"转场效果后的画面效果。

图5-13　添加"炫光"转场效果

6. 拍摄

"拍摄"类别中包含"拍摄器""抽象前景""眨眼""旧胶片""胶片定格"等转场效果，这一类转场效果主要通过模拟实际拍摄过程中的镜头运动和特殊成像来实现画面之间的平滑过渡。图5-14所示为添加"胶片定格"转场效果后的画面效果。

图5-14　添加"胶片定格"转场效果

7. 扭曲

"扭曲"类别中包含"拉伸""漩涡""回忆""鱼眼""波动"等转场效果，这一类转场效果主要通过扭曲画面或物体实现画面之间的平滑过渡，通常用于强调场景中的动态元素，以及在两个画面之间建立视觉联系。图5-15所示为添加"漩涡"转场效果后的画面效果。

图5-15　添加"漩涡"转场效果

8. 故障

"故障"类别中包含"色差故障""故障""黑色块""频闪""电视故障Ⅰ"等转场效果，这一类转场效果可以使画面产生电视信号丢失或电脑屏幕故障等效果，从而增加短视频的现代感和科技感。图5-16所示为添加"色差故障"转场效果后的画面效果。

图5-16 添加"色差故障"转场效果

9. 分割

"分割"类别中包含"三屏闪切""分割""玻璃破碎""几何分割""万花筒"等转场效果，这一类转场效果主要通过将画面分割成若干部分创造出独特的视觉效果，例如将画面分割成不同颜色的区域，或者将画面分割成不同的形状。图5-17所示为添加"三屏闪切"转场效果后的画面效果。

图5-17 添加"三屏闪切"转场效果

10. MG动画

"MG动画"类别中包含"箭头向右""蓝色线条""水波卷动""动漫闪电""矩形分割"等转场效果，这一类转场效果主要通过图形的变化、运动、叠加等实现转场。"MG动画"类别的转场效果常常带有华丽、炫酷的动画效果，可以有效地提升短视频的节奏感。图5-18所示为添加"箭头向右"转场效果后的画面效果。

图5-18 添加"箭头向右"转场效果

5.2 添加转场

在短视频制作中，添加合适的转场效果不仅可以提高短视频的质量，还可以增强短视频的连贯性。下面详细介绍如何为短视频添加不同类型的转场效果，以实现不同的视觉效果。

↘ 5.2.1 使用自带转场效果

在剪映专业版中添加转场效果的方法与在剪映App中略有不同。剪映App中的视频素材之间的"转场"按钮，在剪映专业版中消失了。本案例介绍如何在剪映专业版中添加自带的转场效果，具体操作方法如下。

使用自带转场效果

步骤01 将视频和音频素材拖至时间线上，选中音频片段，在工具栏中单击"自动踩点"按钮，选择"踩节拍Ⅱ"选项，如图5-19所示。

步骤02 拖动时间线指针至第1个节拍点位置，选中"视频1"片段，在工具栏中单击"向右裁剪"按钮修剪素材，如图5-20所示。采用类似的方法，根据音乐节拍点的位置修剪其他视频片段。

图5-19 添加节拍点

图5-20 修剪视频片段

步骤03 在素材面板上方单击"转场"按钮，选择"叠化"类别中的"叠化"转场效果，将其拖至"视频1"和"视频2"片段的组接位置，如图5-21所示。

步骤04 将时间线指针拖至"视频2"和"视频3"片段的组接位置，在素材面板上方单击"转场"按钮，选择"叠化"类别中的"云朵"转场效果，然后单击"添加到轨道"按钮，如图5-22所示。

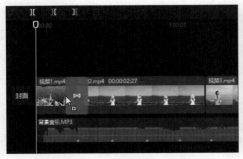
图5-21 添加"叠化"转场效果

图5-22 添加"云朵"转场效果

步骤05 采用类似的方法，为其他视频片段分别添加"叠化"类别中的"色彩溶解"和"画笔擦除"转场效果，如图5-23所示。

步骤06 在"播放器"面板中预览此时的视频效果，如图5-24所示。单击"导出"按钮，即可导出短视频。

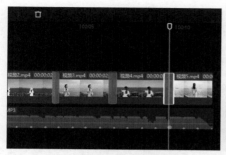

图5-23 添加其他转场效果

图5-24 预览视频效果

↘ 5.2.2 制作遮罩转场效果

在两个视频片段之间添加遮罩，可以让两个不同的场景在视觉上更加协调地衔接在一起。本案例介绍如何利用剪映的蒙版和关键帧功能制作遮罩转场效果，具体操作方法如下。

制作遮罩转场
效果

步骤01 将"视频1"素材拖至时间线上，拖动时间线指针至遮挡物即将完全出现的位置，然后将"视频2"素材拖至画中画轨道中，如图5-25所示。

步骤02 在"画面"面板中单击"蒙版"按钮，然后选择"线性"蒙版，设置"旋转"为-90°，"羽化"为2，如图5-26所示。

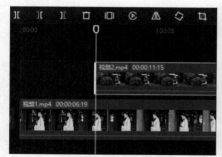

图5-25 添加视频素材

图5-26 设置蒙版参数

步骤03 在"播放器"面板中将蒙版拖至画面的最左侧，然后在"画面"面板中单击"位置"右侧的"添加关键帧"按钮◈，为视频添加一个关键帧，如图5-27所示。

图5-27 添加关键帧

步骤 **04** 一边拖动时间线指针，一边将蒙版拖至画面的最右侧，让蒙版始终位于遮挡物的边缘，直到遮挡物完全移出画面，如图5-28所示。

步骤 **05** 将背景音乐拖至时间线上，并适当调整"视频2"片段的长度，如图5-29所示。至此，遮罩转场效果制作完成。

图5-28　调整蒙版位置

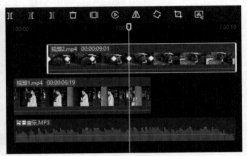

图5-29　添加背景音乐

↘ 5.2.3　制作建筑抠像转场效果

本案例介绍如何利用剪映的定格和抠像功能制作富有趣味性的建筑抠像转场效果，具体操作方法如下。

制作建筑抠像
转场效果

步骤 **01** 将视频和音频素材拖至时间线上，选中音频片段，在工具栏中单击"自动踩点"按钮，选择"踩节拍Ⅰ"选项，如图5-30所示。

步骤 **02** 拖动时间线指针至第1个节拍点位置，选择"视频1"片段，在工具栏中单击"向右裁剪"按钮修剪素材。采用类似的方法，根据音乐节拍点的位置修剪其他视频片段，如图5-31所示。

图5-30　添加节拍点

图5-31　修剪视频片段

步骤 **03** 拖动时间线指针至第1个节拍点位置，选中"视频2"片段，在工具栏中单击"定格"按钮，如图5-32所示。

步骤 **04** 将生成的定格片段拖至画中画轨道中，并适当调整定格片段的长度，如图5-33所示。

步骤 **05** 在"画面"面板中单击"抠像"按钮，然后勾选"自定义抠像"复选框，选择"智能画笔"工具，拖动鼠标在要抠取的主体建筑上进行涂抹，涂抹完成后单击"应用效果"按钮，如图5-34所示。

步骤 **06** 抠出主体建筑后，在"动画"面板中单击"入场"按钮，然后选择"向右滑动"动画，设置"动画时长"为0.3s，如图5-35所示。

图5-32 单击"定格"按钮

图5-33 调整定格片段的长度

图5-34 抠取主体建筑

图5-35 选择"向右滑动"动画

步骤 **07** 采用类似的方法，对其他视频片段中的主体建筑进行抠取，然后添加需要的入场动画和转场音效，如图5-36所示。

图5-36 抠取其他主体建筑并添加入场动画和转场音效

步骤08 建筑抠像转场效果制作完成，预览此时的视频效果，如图5-37所示。

图5-37 预览视频效果

5.2.4 制作多屏卡点转场效果

多屏卡点转场效果是指通过卡点音乐节奏进行转场。本案例需要用到蒙版和动画效果，具体操作方法如下。

制作多屏卡点
转场效果

步骤01 将"视频1"和音频素材拖至时间线上，选中音频片段，在工具栏中单击"自动踩点"按钮，选择"踩节拍Ⅱ"选项，如图5-38所示。

步骤02 拖动时间线指针至第6个节拍点位置，选择"视频1"片段，在工具栏中单击"向右裁剪"按钮修剪视频片段，如图5-39所示。

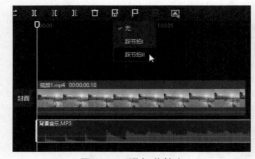

图5-38 添加节拍点　　　　　　　　图5-39 修剪视频片段

步骤03 拖动时间线指针至"视频1"片段的开始位置，在"画面"面板中单击"蒙版"按钮，选择"镜面"蒙版，设置"旋转"为90°，"大小"为"宽476"，然后在"播放器"面板中将蒙版拖至画面的最左侧，如图5-40所示。

图5-40 添加并调整蒙版

步骤 04 选中"视频1"片段，按【Ctrl+C】组合键进行复制，按【Ctrl+V】组合键将其粘贴至画中画轨道中，然后调整视频片段的位置，使其左端与音频片段中的第2个节拍点对齐，如图5-41所示。

步骤 05 在"播放器"面板中将复制的蒙版向右拖动，如图5-42所示。

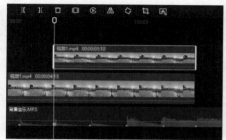

图5-41 复制视频片段

图5-42 向右拖动蒙版

步骤 06 采用类似的方法继续复制两个视频片段，并使其左端分别对齐第3个和第4个节拍点，如图5-43所示。

步骤 07 选中主轨道中的"视频1"片段，在"动画"面板中单击"入场"按钮，然后选择"向右滑动"动画，如图5-44所示。

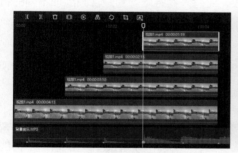

图5-43 继续复制视频片段

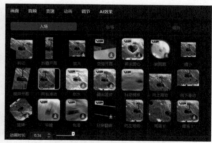

图5-44 选择"向右滑动"动画

步骤 08 采用类似的方法，为其他视频片段分别添加"向上滑动""向下滑动"和"向左滑动"入场动画，效果如图5-45所示。

步骤 09 导入其他视频素材并将其拖至时间线上，将每段视频每隔2个节拍点进行分割，并删除多余的部分，如图5-46所示。

图5-45 为其他视频片段添加入场动画

图5-46 添加其他视频素材并设置

步骤⑩ 在素材面板上方单击"转场"按钮🗙，选择"运镜"类别中的"推进"转场效果，将其拖至"视频1"和"视频2"片段的组接位置。采用类似的方法，为其他视频片段添加转场效果，如图5-47所示。

步骤⑪ 预览此时的视频效果，如图5-48所示。单击"导出"按钮，即可导出短视频。

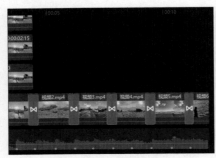

图5-47 添加"推进"转场效果

图5-48 预览视频效果

5.3 认识特效

剪映中的特效十分丰富，除了画面特效，还有人物特效。为短视频添加不同的特效可以让原本普通的视频素材变得更加炫酷。

↘ 5.3.1 特效的作用

特效在短视频制作中扮演着至关重要的角色，使用特效不仅可以增强短视频的视觉冲击力，营造出独特的氛围，还能为短视频制作带来更多的可能性。

1. 增强表现力

合理地添加特效可以营造出与视频内容相匹配的氛围，增强视频的表现力，帮助观众更好地理解视频所传达的信息或情感。例如，若前期视频拍摄时无法营造下雪的环境，可以在后期制作过程中添加下雪特效，如图5-49所示。

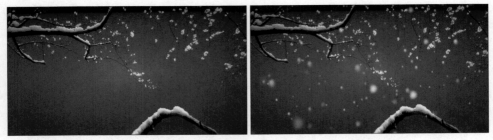

图5-49 添加下雪特效以增强表现力

2. 强调节奏感

在视频画面发生改变时，通过合理地添加一些比较短促、具有爆发力的特效，可以营造出特定的节奏和氛围，吸引观众的注意力。例如，在快节奏的音乐背景下，运用

"动感"类别中的特效来配合音乐节奏，可以使视频更具节奏感。

3. 突出画面重点

在短视频后期制作中，往往可能需要突出某些特定的画面，例如人物在滑雪过程中的精彩动作画面。在特定的画面上添加特效，可以使该部分画面与其他部分形成鲜明对比，从而让观众更加关注关键的画面。

↘ 5.3.2 常见的画面特效

剪映专业版提供了许多画面特效，让用户能够轻松制作出下雨、下雪、炫光、闪屏、开幕等视觉效果，如图5-50所示。

图5-50 "特效"面板

将特效拖至时间线面板中的一个片段上，即可将其应用到该片段上。拖动特效左端或右端的裁剪框，可以对特效进行修剪，如图5-51所示。在素材面板上方单击"添加到轨道"按钮◉，此时添加的特效就会显示在特效轨道上，如图5-52所示。

图5-51 修剪特效

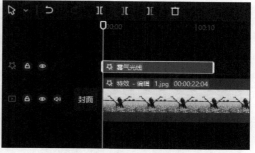

图5-52 在特效轨道中添加特效

1. 基础

"基础"类别中包含"表面模糊""泡泡变焦""放大镜""广角""开幕"等特效，这一类特效主要用于增强视频的表现力和视觉效果。图5-53所示为添加"泡泡变焦"特效前后的画面效果。

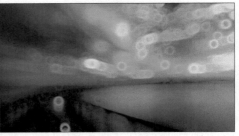

图5-53　添加"泡泡变焦"特效

2. 氛围

"氛围"类别中包含"星火炸开""关月亮""光斑飘落""花火""水墨晕染"等特效，这一类特效主要通过在画面中添加荧光、泡泡、光斑、烟花等装饰元素来烘托短视频的氛围。图5-54所示为添加"花火"特效前后的画面效果。

图5-54　添加"花火"特效

3. 动感

"动感"类别中包含"抖动""色差放大""心跳""蹦迪光""灵魂出窍"等特效，使用这一类特效可以让特定元素或整个画面抖动，从而让画面看起来更具冲击力和动感。图5-55所示为添加"色差放大"特效前后的画面效果。

图5-55　添加"色差放大"特效

4. 自然

"自然"类别中包含"飘落花瓣""晴天光线""水滴滚动""下雨""大雪纷飞"等特效，这一类特效主要通过添加花瓣、落叶、水滴、烟雾等装饰元素，营造出自然、真实的氛围。图5-56所示为添加"飘落花瓣"特效前后的画面效果。

图5-56 添加"飘落花瓣"特效

5. 边框

"边框"类别中包含"原相机""录制边框""放大镜""纸质边框""播放器"等特效,这一类特效用于给视频添加各种样式的边框。图5-57所示为添加"播放器"特效前后的画面效果。

图5-57 添加"播放器"特效

6. 漫画

"漫画"类别中包含"荧光线描""复古漫画""必杀技""电光包围""火光包围"等特效,使用这一类特效可以将视频画面转换为漫画风格,让视频呈现出独特的漫画感。图5-58所示为添加"火光包围"特效前后的画面效果。

图5-58 添加"火光包围"特效

↘ 5.3.3 常见的人物特效

剪映中的人物特效涵盖多种类别,如"情绪""装饰""身体""挡脸""手部""形象"等,如图5-59所示。与画面特效不同的是,人物特效会主动作用于视频画面中的人物,并具备追踪功能。下面简单介绍一些常见的人物特效。

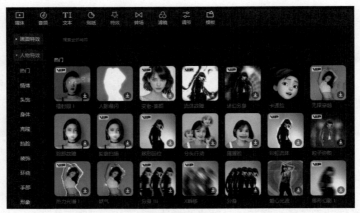

图5-59　人物特效

1. 情绪

"情绪"类别中包含"大头""真香""难过""灵机一动"等特效，使用这一类特效可以将人物的情绪状态更生动地呈现出来。图5-60所示为添加"真香"特效前后的画面效果。

图5-60　添加"真香"特效

2. 装饰

"装饰"类别中包含"声波""赛博朋克Ⅱ""舞者""科技氛围Ⅱ""电击"等特效，这一类特效用于在视频画面中添加一些有趣的元素，如火焰、爱心、气泡等。图5-61所示为添加"科技氛围Ⅱ"特效前后的画面效果。

图5-61　添加"科技氛围Ⅱ"特效

3. 形象

"形象"类别中包含"可爱女生""卡通脸""潮酷男孩""可爱猪"等特效，这一类特效主要通过添加人脸道具来增强人物形象和表情的趣味性。图5-62所示为添加"可爱女生"特效前后的画面效果。

图5-62 添加"可爱女生"特效

5.4 添加特效

利用特效能够制作出很多意想不到的画面效果，从而带给观众独特的视觉感受。下面分别介绍季节转换特效、变焦动感特效、丁达尔光线特效及人物"灵魂出窍"特效的制作方法。

↘ 5.4.1 制作季节转换特效

本案例介绍如何利用剪映中的"变秋天"特效和抠像功能制作出夏天变秋天的特效，具体操作方法如下。

制作季节转换特效

步骤01 将"夏天"视频素材拖至时间线上，并将其复制到画中画轨道中，如图5-63所示。

步骤02 在"画面"面板中单击"抠像"按钮，然后勾选"智能抠像"复选框，对人像视频进行抠像处理，如图5-64所示。

图5-63 复制视频素材

图5-64 勾选"智能抠像"复选框

步骤03 选中主轨道中的视频片段，将时间线指针拖至6s位置，在工具栏中单击"分割"按钮Ⅱ进行视频分割，如图5-65所示。

步骤04 在素材面板上方单击"滤镜"按钮，选择"黑白"类别中的"褪色"滤镜，将其拖至分割后的第二个视频片段上，使该滤镜只应用到所选视频片段上，如图5-66所示。

图5-65　分割视频片段

图5-66　添加"褪色"滤镜

步骤 05 在素材面板上方单击"转场"按钮⊠，选择"叠化"类别中的"叠化"转场效果，然后单击"添加到轨道"按钮◉，如图5-67所示。

步骤 06 在素材面板上方单击"特效"按钮❀，选择"基础"类别中的"变秋天"特效，单击"添加到轨道"按钮⊕，并对特效进行裁剪，如图5-68所示。

图5-67　选择"叠化"转场效果

图5-68　添加"变秋天"特效

步骤 07 采用类似的方法，在画中画轨道上方添加"自然"类别中的"晴天光线""落叶""大雪纷飞"特效，如图5-69所示。

步骤 08 将音频素材拖至时间线上，夏天渐变成秋天的季节转换效果制作完成，在"播放器"面板中预览此时的视频效果，如图5-70所示。

图5-69　添加其他特效

图5-70　预览视频效果

↘ 5.4.2　制作变焦动感特效

本案例介绍如何制作变焦动感特效，主要利用剪映中的"闪白"转场效果和"泡泡变焦"特效，具体操作方法如下。

步骤 01 将视频和音频素材拖至时间线上，选中音频片段，在工具栏中单击"自动踩点"按钮圆，选择"踩节拍Ⅱ"选项，即可在音频片段上自动添加节拍点，如图5-71所示。

制作变焦动感
特效

步骤 02 在素材面板上方单击"特效"按钮，选择"基础"类别中的"泡泡变焦"特效，将其添加到"视频1"片段上方，并调整特效的长度，使其右端与第6个节拍点对齐，如图5-72所示。

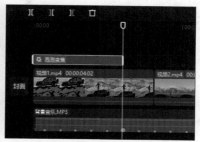

图5-71 添加节拍点　　　　图5-72 添加"泡泡变焦"特效

步骤 03 继续添加"动感"类别中的"闪白"特效，并调整特效的长度，使其右端与"视频1"片段的右端对齐，如图5-73所示。

步骤 04 拖动时间线指针至第10个节拍点位置，为"视频2"片段添加"动感"类别中的"灵魂出窍"特效。切换到"滤镜"面板，为其添加"黑白"类别中的"江浙沪"滤镜并调整滤镜的位置和长度，如图5-74所示。

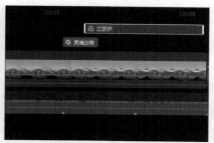

图5-73 添加"闪白"特效　　　　图5-74 添加特效和滤镜

步骤 05 在素材面板上方单击"转场"按钮，将"叠化"类别中的"闪白"转场效果拖至"视频1"和"视频2"片段的组接位置。采用类似的方法，为其他视频片段添加特效、滤镜和转场效果，如图5-75所示。

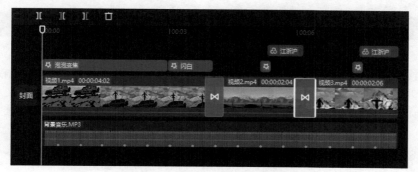

图5-75 添加特效、滤镜和转场效果

107

步骤 06 在"播放器"面板中预览此时的视频效果，如图5-76所示。单击"导出"按钮，即可导出短视频。

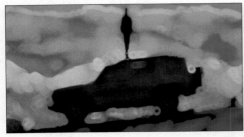

图5-76 预览视频效果

↘ 5.4.3 制作丁达尔光线特效

丁达尔光线效果通常出现在阳光透过云层缝隙照射下来的场景中，添加这种光线效果可以让短视频看起来更加神秘和梦幻。本案例主要利用剪映的"调节"面板和"丁达尔光线"特效等来制作丁达尔光线特效，具体操作方法如下。

制作丁达尔光线
特效

步骤 01 将视频和音频素材拖至时间线上，选中音频片段，在工具栏中单击"自动踩点"按钮，选择"踩节拍Ⅰ"选项，如图5-77所示。

步骤 02 拖动时间线指针至第1个节拍点位置，选择"火车"片段，在工具栏中单击"分割"按钮进行视频分割，如图5-78所示。

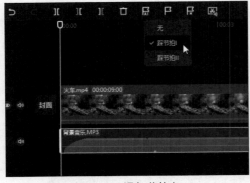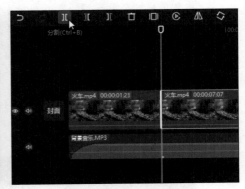

图5-77 添加节拍点 　　　　　　　　图5-78 分割视频片段

步骤 03 按【Ctrl+R】组合键调出"变速"面板，设置"倍数"为0.5x，对分割后右侧的视频片段进行降速处理，如图5-79所示。

步骤 04 在"调节"面板中单击"基础"按钮，调整"色调""饱和度""亮度""对比度""高光"等参数，如图5-80所示。

步骤 05 在素材面板上方单击"特效"按钮，选择"光"类别中的"丁达尔光线"特效，将其拖至第二个"火车"片段上方，并调整特效的长度，如图5-81所示。

步骤 06 预览此时的视频效果，如图5-82所示。单击"导出"按钮，即可导出短视频。

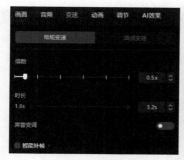

图5-79 对视频片段进行降速处理

图5-80 视频画面基础调色

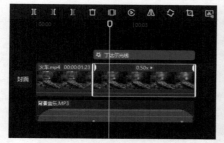

图5-81 添加"丁达尔光线"特效

图5-82 预览视频效果

↘ 5.4.4 制作人物"灵魂出窍"特效

本案例介绍如何制作人物"灵魂出窍"特效，主要利用"动感"类别中的"灵魂出窍"和"荧光扫描"特效，具体操作方法如下。

制作人物"灵魂出窍"特效

步骤 **01** 将视频和音频素材拖至时间线上，选中音频片段，在工具栏中单击"自动踩点"按钮，选择"踩节拍Ⅰ"选项，如图5-83所示。

步骤 **02** 拖动时间线指针至第4个节拍点位置，选择"滑雪"片段，在工具栏中单击"分割"按钮进行视频分割，如图5-84所示。

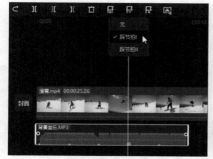

图5-83 添加节拍点

图5-84 分割视频片段

步骤 **03** 拖动时间线指针至人物要做翻转动作的位置，在工具栏中单击"向左裁剪"按钮，使人物要做翻转动作的画面与音频上的第4个节拍点对齐，如图5-85所示。

步骤04 采用类似的方法继续对视频片段进行修剪，使人物要做翻转动作的画面与音频上的第5个节拍点对齐，并调整视频片段的长度，如图5-86所示。

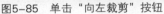

图5-85　单击"向左裁剪"按钮　　　图5-86　裁剪片段

步骤05 拖动时间线指针至第3个节拍点位置，在素材面板上方单击"特效"按钮，选择"动感"类别中的"灵魂出窍"特效，将其添加到视频片段上方，并对特效进行裁剪，如图5-87所示。

步骤06 采用类似的方法添加"潮酷"类别中的"荧光扫描"特效，并调整特效的长度，如图5-88所示。

图5-87　添加"灵魂出窍"特效　　　图5-88　添加"荧光扫描"特效

步骤07 在时间线面板中按住【Ctrl】键的同时选中"荧光扫描"和"灵魂出窍"特效，将它们复制到其他节拍点的位置，如图5-89所示。

步骤08 在"播放器"面板中预览此时的视频效果，如图5-90所示。单击"导出"按钮，即可导出短视频。

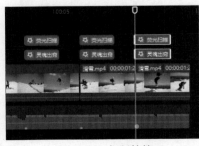

图5-89　复制特效　　　图5-90　预览视频效果

课堂实训

1. 打开"素材文件\第5章\课堂实训\拍照转场"文件夹，将视频素材导入剪映专业版，制作拍照转场效果，如图5-91所示。

图5-91　拍照转场效果

本实训的操作思路如下。

（1）对前一段视频中用于转场的片段进行分割，将转场片段移至画中画轨道。

（2）使用关键帧功能为转场片段制作缩小和旋转动画。

（3）为转场片段添加一个边框特效，也可以使用"白场"素材制作边框。

（4）调整转场片段的长度，然后为转场片段添加"向下滑动"出场动画。

（5）在转场位置添加"闪白"转场效果和拍照音效。

课堂实训1

2. 打开"素材文件\第5章\课堂实训\花瓣飘落"文件夹，将视频素材导入剪映专业版，制作花瓣飘落特效，效果如图5-92所示。

图5-92　花瓣飘落特效

本实训的操作思路如下。

（1）在要制作特效的位置分割视频，对后半段视频进行减速处理。

（2）在视频分割位置添加"泛光"转场效果。

（3）在后半段视频的上层轨道中添加樱花飘落素材，设置素材的"混合模式"为"滤色"。

（4）对后半段视频应用"樱粉"滤镜和"柔光"特效。

课堂实训2

课后练习

1. 简述常见的技巧性转场和非技巧性转场方式。

2. 打开"素材文件\第5章\课后练习\线条分割转场"文件夹，将视频素材导入剪映专业版，制作线条分割转场效果。

3. 打开"素材文件\第5章\课后练习\黑白线稿"文件夹，将视频素材导入剪映专业版，制作黑白线稿变彩色画面特效。

第 **6** 章
添加音频与字幕

【知识目标】

➢ 掌握为短视频添加背景音乐的方法。
➢ 掌握为短视频添加音效与配音的方法。
➢ 掌握为短视频添加字幕的方法。
➢ 掌握为短视频添加贴纸的方法。

【能力目标】

➢ 能够为短视频选择并添加合适的背景音乐。
➢ 能够根据需要为短视频添加音效与配音。
➢ 能够根据需要在短视频中添加并编辑字幕。
➢ 能够在短视频中添加合适的贴纸。

【素养目标】

➢ 坚持正确的短视频创作导向，积极弘扬正能量。
➢ 坚持守正创新，能够在不断积累经验的基础上进行创新。

在制作短视频的过程中，添加字幕和音频是必不可少的环节。字幕能够起到提示内容、解释说明的作用，能够帮助观众更好地理解视频内容，从而提升观看体验；而音频则可以为短视频增添情感氛围，增强短视频的感染力。本章将详细介绍如何在剪映中为短视频添加字幕和音频，以及如何将它们与视频内容完美结合。

6.1 添加音频

合适的音乐能够引起人们对视频内容的情感共鸣，所以添加音频是视频剪辑中非常重要的一步。在剪映中，用户不仅可以自由选择不同类型的音乐素材，还可以对音乐进行个性化调整。

6.1.1 选择背景音乐的技巧

很多短视频的节奏和情绪是由背景音乐带动的，尤其是当背景音乐与画面适配、音效使用得恰如其分时，短视频就会给观众留下深刻的印象。剪映中有很多不同类别的背景音乐，如"动感""运动""伤感""治愈""酷炫"等，如图6-1所示。

图6-1 剪映中不同类别的背景音乐

当观众观看短视频时，背景音乐能够潜移默化地影响他们的情绪和感受。为了更好地表达短视频的主题和情感，在选择背景音乐时需要掌握一定的技巧。

1. 选择合适的音乐风格

背景音乐的情感表达需要与短视频的情感表达相呼应，以增强短视频的感染力。图6-2和图6-3所示的两个不同画面中，前者属于快节奏、充满活力的运动画面，所以选择流行的动感音乐；而后者属于温馨感人的家庭场景，所以选择轻柔、舒缓的背景音乐。

图6-2 快节奏的运动画面

图6-3 温馨感人的家庭场景

2. 考虑音乐的节奏和速度

所有的音乐都有其独特的节奏和旋律。为了使背景音乐与短视频内容达到最佳的匹配效果，在后期剪辑过程中应先对视频素材进行粗剪，然后分析短视频的节奏，再选择与整体节奏相匹配的背景音乐。

抖音上备受欢迎的卡点短视频之所以能够吸引大量的观众，正是因为它们成功地使视频画面与音乐节奏完美匹配，随着音乐的变换，视频画面也灵活地切换，给观众带来视觉和听觉的双重享受。

3. 控制音量和平衡

在后期剪辑过程中，由于素材来源的复杂性，不同的音频可能会混合在一起，导致音频主次不清的问题，所以背景音乐不能喧宾夺主。

为了解决这个问题，在进行多轨道编辑时，需要对音频的长度和音量进行调整，使背景音乐的音量与视频声音保持平衡，避免背景音乐过于喧闹或过于柔和，为观众营造舒适的听觉体验。

↘ 6.1.2 添加音乐库音乐

剪映拥有非常丰富的音乐曲库，并对其进行了十分细致的分类，用户可以根据视频所要表达的情绪来选择合适的音乐。

将视频素材拖至时间线上，单击"关闭原声"按钮 ，即可将原声关闭，如图6-4所示。在素材面板上方单击"音频"按钮 ，在"音乐素材"类别中选择合适的音乐类型（如"旅行"），然后在音乐列表中选择合适的音乐，即可进行试听，如图6-5所示。

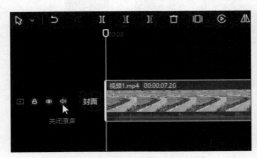

图6-4 单击"关闭原声"按钮

图6-5 选择音乐

若要添加指定的音乐，可以在搜索框中直接输入关键词，找到需要的音乐后单击"添加到轨道"按钮 ，如图6-6所示。此时，所选音乐被添加到时间线面板中的音频轨道中，如图6-7所示。

图6-6 单击"添加到轨道"按钮

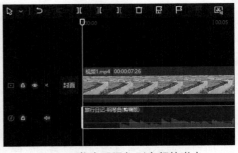

图6-7 将音乐添加到音频轨道中

↘ 6.1.3 添加抖音收藏的音乐

　　作为一款与抖音直接关联的短视频剪辑软件，剪映支持用户在剪辑项目中添加在抖音中收藏的音乐作为背景音乐。

　　当用户在抖音中听到喜欢的背景音乐并想要将其应用到自己的作品中时，可以点击界面下方的音乐名称或者右下方的音乐碟片图标🎵，在打开的界面中点击"收藏"按钮⭐收藏该音乐，如图6-8所示。在剪映中登录抖音账号，即可在"抖音收藏"类别中找到收藏的背景音乐，如图6-9所示。

图6-8　收藏音乐　　　　　　　　　　　　图6-9　收藏的背景音乐

↘ 6.1.4 添加本地音乐

　　利用剪映的音频提取功能可以提取某一个视频中的音频，并将其应用到另一个视频中。在素材面板上方单击"音频"按钮🎵，选择"音频提取"类别，单击右侧的"导入"按钮🔵，如图6-10所示。在打开的"请选择媒体资源"对话框中选择想要提取音频的视频，即可将其音频提取出来。提取出来后，单击🎵图标进行试听，试听界面如图6-11所示。

图6-10　单击"导入"按钮　　　　　　　　图6-11　试听提取出的音频

↘ 6.1.5 使用文本朗读添加配音

　　利用剪映的文本朗读功能可以将输入的文本自动转换为音频，并且用户可以根据需要选择音色。

将时间线指针定位到要添加配音的位置，在视频中输入文本，然后在"朗读"面板中选择所需的音色，在此选择"知性女声"音色，单击"开始朗读"按钮，如图6-12所示。此时，剪映会自动朗读输入的文字信息，并将其转换为音频，如图6-13所示。

图6-12　单击"开始朗读"按钮　　　　　　　图6-13　将文本转换为音频

↘ 6.1.6　录制声音

语音旁白是视频中必不可少的元素，清晰的语音旁白能准确地表达出视频的主题。使用剪映的录音功能可以实时为视频画面录制语音旁白。

将视频素材拖至时间线上，在工具栏中单击"录音"按钮🎙，在弹出的"录音"对话框中单击"开始"按钮⏺，如图6-14所示。3s后开始录制，在录音的同时音频轨道中将生成音频素材，如图6-15所示。录制完成后，单击"结束"按钮⏹即可结束录制，如图6-16所示。

图6-14　"录音"对话框　　　　图6-15　生成音频素材　　　　图6-16　单击"结束"按钮

↘ 6.1.7　添加音效

音效主要包括环境音和特效音。在短视频中添加合适的音效能够增强短视频的真实感，让观众更有沉浸感。剪映提供了许多音效素材，如鸟叫声、海浪声、拍照声、打字声等，用户可以根据视频情境进行添加。

将时间线指针拖至需要添加音效的位置，在素材面板上方单击"音频"按钮，在"音效素材"类别中选择合适的音乐类型（如"机械"），然后在音效列表中选择合适的音效，单击"添加到轨道"按钮，如图6-17所示。此时，该音效被添加到音频轨道中，如图6-18所示。

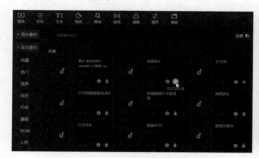

图6-17　单击"添加到轨道"按钮

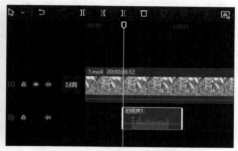

图6-18　添加音效到音频轨道中

6.2　编辑音频

无论是添加背景音乐、音效还是旁白，都需要对音频进行精细的编辑和调控。这不仅涉及音频的分割、复制、删除、淡入淡出等基本操作，还涉及对音频的质量、平衡、音量等的全面掌控。

6.2.1　设置声音效果

在剪映的"声音效果"面板中，我们可以对音频进行变声、添加场景音和声音成曲等处理。本案例介绍如何利用场景音功能让短视频的声音更有层次感，具体操作方法如下。

设置声音效果

步骤 **01** 将"视频1"素材拖至时间线上并单击鼠标右键，在弹出的快捷菜单中选择"分离音频"命令，如图6-19所示。

步骤 **02** 按【Ctrl+C】组合键复制分离出来的音频，按【Ctrl+V】组合键粘贴音频，如图6-20所示。

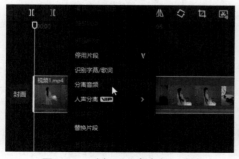

图6-19　选择"分离音频"命令

图6-20　复制并粘贴音频

步骤 **03** 在"声音效果"面板中单击"场景音"按钮，然后选择"水下"效果，设置"深度"为30，如图6-21所示。

步骤 04 采用类似的方法，选择"麦霸"效果，设置"空间大小"为5、"强弱"为35，如图6-22所示。按空格键播放视频，试听设置声音效果后的音频。单击"导出"按钮，即可导出短视频。

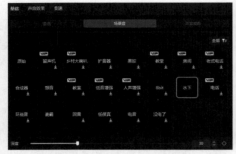 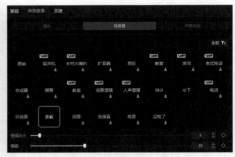

图6-21 选择"水下"效果　　　　　　　图6-22 选择"麦霸"效果

↘ 6.2.2 制作氛围感Vlog

在为短视频添加背景音乐、音效或旁白后，时间线面板中会出现对应的音频轨道。为了使音频素材与视频画面更好地结合，我们需要对音频进行一系列的操作，包括分割、淡化、调节音量等。进行这些操作可以使旁白声音更加突出，同时保留背景音乐的氛围。本案例通过编辑音频制作颇具氛围感的Vlog，具体操作方法如下。

制作氛围感Vlog

步骤 01 将"视频1"和"旁白"素材拖至时间线上，将时间线指针定位到人物戴上耳机的位置，然后将"背景音乐"片段拖至时间线上，并调整"背景音乐"和"旁白"的长度，如图6-23所示。

步骤 02 选中"背景音乐"片段，在"基础"面板中设置"音量"为-15.0dB，"淡入时长"为2.0s，"淡出时长"为2.0s，如图6-24所示。

 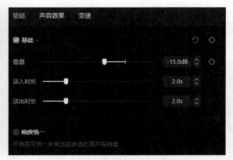

图6-23 添加视频和旁白素材　　　　　图6-24 编辑"背景音乐"

步骤 03 在素材面板上方单击"音频"按钮，在"音效素材"类别的搜索框中输入"风吹动树叶沙沙声"，找到需要的音效后单击"添加到轨道"按钮，如图6-25所示。

步骤 04 将时间线指针定位到5s的位置，在工具栏中单击"向右裁剪"按钮进行修剪，然后在"基础"面板中设置"淡出时长"为1.0s，完成后如图6-26所示。

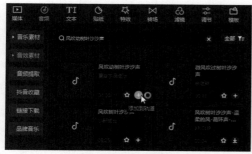

图6-25 添加音效

图6-26 编辑音效

步骤 05 采用类似的方法，在视频的起始位置添加"田野间风声鸟鸣不断"音效，如图6-27所示。此时氛围感Vlog制作完成，单击"导出"按钮，即可导出短视频。

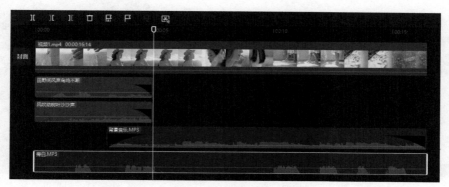

图6-27 添加音效

6.3 添加字幕与贴纸

剪映提供了多种添加字幕的方法，用户可以根据需要选择手动输入字幕或使用识别功能自动添加字幕。此外，用户还可以在视频中添加贴纸。这些功能的组合使用可以让创作者更加灵活地编辑视频，从而满足个性化的创作需求。

6.3.1 添加与编辑文本

剪映支持在视频画面中添加字幕，即以文字的形式显示语音内容。用户可以自由设置文字的字体、颜色、描边、边框、阴影和排列方式等格式，从而让字幕更加美观。

在素材面板上方单击"文本"按钮 ，选择"新建文本"类别中的"默认文本"，然后单击"添加到轨道"按钮 ，如图6-28所示。在"文本"面板中根据需要输入文本内容，文字将同步显示在"播放器"面板中，如图6-29所示。

在"文本"面板中可以为文本选择合适的预设样式，不同的预设样式给人以不同的感觉，如图6-30所示。选择预设样式后，可以进一步对文本的字体、字号、样式、颜色、字间距、行间距、对齐方式等格式进行设置，如图6-31所示。

119

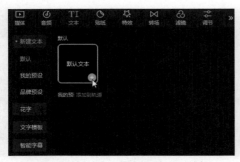

图6-28　单击"添加到轨道"按钮

图6-29　输入文本内容

图6-30　选择预设样式

图6-31　设置文本格式

↘ 6.3.2　制作花字效果

剪映提供了丰富的花字样式，如渐变字、发光字、金属字等，使用这些样式可以一键让文字样式变得酷炫、可爱。

在剪映中添加文本后，在"文本"面板中单击"花字"按钮，选择所需的花字样式，即可快速地为文字添加花字效果，如图6-32所示。

图6-32　选择花字样式

↘ 6.3.3 添加贴纸

剪映支持在视频中直接添加各种贴纸或动画效果，如可爱的卡通角色、独特的标识、炫酷的特效等。这些贴纸和动画效果不仅可以突出视频中的重点信息，还可以为画面增添生气和趣味性。

在素材面板中单击"贴纸"按钮⦿，在"贴纸素材"类别中选择合适的类型，然后在贴纸列表中选择合适的贴纸，如图6-33所示。若有需要，还可以在画面中添加多个贴纸。

图6-33 添加贴纸

↘ 6.3.4 智能识别字幕与歌词

利用剪映的智能字幕和识别歌词功能可以将视频中的人声或背景音乐中的歌词自动转换为字幕，以节省视频制作时间。

在素材面板上方单击"文本"按钮Ⅱ，在"智能字幕"类别中有"识别字幕"和"文稿匹配"两个选项，其中"识别字幕"是创作口播类短视频经常使用的一项功能。

将需要添加字幕的视频素材拖至时间线上，单击"识别字幕"选项下方的"开始识别"按钮，如图6-34所示。识别完成后，字幕自动添加至时间线面板中的文本轨道中，如图6-35所示。需要注意的是，在完成字幕识别后，创作者要仔细检查字幕中的文字，以防止出现错误或遗漏，影响观众对视频内容的理解。

图6-34 单击"开始识别"按钮

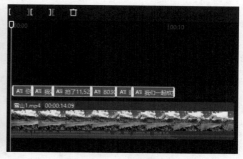

图6-35 自动生成字幕

识别歌词功能的使用方法与"识别字幕"的使用方法类似。将需要添加歌词的视频素材拖至时间线上，选择"识别歌词"类别，单击右侧的"开始识别"按钮，如图6-36所示。识别完成后，时间线面板中将自动生成歌词，如图6-37所示。目前该功能仅支持中文（普通话）。

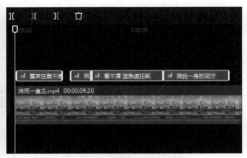

图6-36　单击"开始识别"按钮　　　　　　　图6-37　自动生成歌词

6.4　制作文字效果

在对字幕的基本用法有所了解之后，我们便可以进一步制作各种字幕效果。下面介绍几种常见的文字效果的制作方法，包括文字消散效果、镂空文字效果和高级感大字幕效果。这些效果不仅具有很强的实用性，还能为视频增添吸引力和个性化风格。

↘ 6.4.1　制作文字消散效果

文字消散效果可以让文字变成粉尘、飞沙后逐渐消失，增强文字的表现力。本案例主要利用剪映的"文本""贴纸""动画"面板和混合模式来制作文字消散效果，具体操作方法如下。

制作文字消散效果

步骤 **01** 将视频和音频素材拖至时间线上，在"媒体"面板中选择"素材库"类别，然后在搜索框中输入"水墨转场"，找到需要的素材后单击"添加到轨道"按钮，如图6-38所示。

步骤 **02** 在"画面"面板中单击"基础"按钮，然后在"混合模式"下拉列表框中选择"滤色"混合模式，如图6-39所示。

图6-38　添加"水墨转场"素材　　　　　　图6-39　选择"滤色"混合模式

步骤 03 将时间线指针定位到2s的位置，在素材面板上方单击"文本"按钮 **TI**，选择"新建文本"类别中的"默认文本"，将其拖至时间线上。将时间线指针定位到8s的位置，然后调整文本的长度，如图6-40所示。

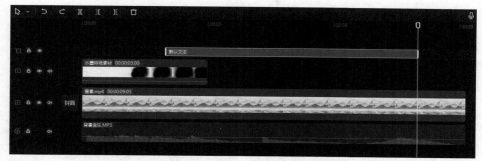

图6-40 添加文本并调整长度

步骤 04 在"文本"面板中输入"立冬"，并设置"字体""字号""样式""阴影"等参数，如图6-41所示。

图6-41 设置文本格式

步骤 05 在"动画"面板中单击"入场"按钮，选择"渐显"动画，在下方设置"动画时长"为2.0s。单击"出场"按钮，选择"渐隐"动画，在下方设置"动画时长"为1.5s，如图6-42所示。

图6-42 添加入场和出场动画

步骤06 在素材面板中单击"贴纸"按钮◔，在搜索框中输入"印章"，然后选择合适的贴纸，如图6-43所示。

步骤07 将贴纸拖至时间线上，根据需要调整贴纸的大小和位置。采用类似的方法，为其添加"渐显"和"渐隐"动画，如图6-44所示。

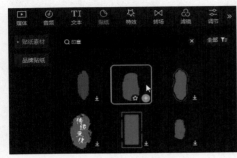

图6-43 选择贴纸　　　图6-44 添加入场和出场动画

步骤08 复制"立冬"文本，在"文本"面板中重新输入"节气"，然后设置"字号"为5，并取消勾选"阴影"复选框，如图6-45所示。

图6-45 编辑文本

步骤09 将"光效"和"粒子"素材拖至时间线上，在"画面"面板中单击"基础"按钮，然后在"混合模式"下拉列表框中选择"滤色"混合模式，如图6-46所示。

图6-46 添加"光效""粒子"素材以及选择"滤色"混合模式

↘ 6.4.2 制作镂空文字效果

镂空文字效果能够使文字与画面无缝衔接，让观众产生进入故事的感觉，是制作微电影、Vlog等常用的开场方式。本案例主要利用剪映的"文本""动画"面板和蒙版制作镂空文字效果，具体操作方法如下。

制作镂空文字
效果

步骤 01 将"视频1"和音频素材拖至时间线上，然后选中音频素材，在工具栏中单击"自动踩点"按钮，选择"踩节拍Ⅱ"选项，如图6-47所示。

步骤 02 在素材面板上方单击"文本"按钮Ⅱ，选择"新建文本"类别中的"默认文本"，将其拖至时间线上，然后在"文本"面板中输入所需的文本，并设置"字体""字号""样式"等参数，如图6-48所示。

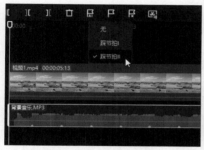

图6-47 添加节拍点

图6-48 设置文本格式

步骤 03 拖动时间线指针至第4个节拍点位置，然后调整文本和"视频1"片段的长度，如图6-49所示。

步骤 04 在"动画"面板中单击"入场"按钮，选择"收拢"动画，在下方设置"动画时长"为1.0s，如图6-50所示。

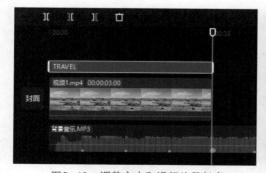

图6-49 调整文本和视频片段长度

图6-50 选择"收拢"动画

步骤 05 将"素材库"中的"黑场"素材添加到画中画轨道，然后在按住【Ctrl】键的同时选中文本和"黑场"片段并单击鼠标右键，在弹出的快捷菜单中选择"新建复合片段"命令，如图6-51所示。

步骤 06 在"画面"面板中单击"基础"按钮，然后在"混合模式"下拉列表框中选择"正片叠底"混合模式，如图6-52所示。

图6-51　选择"新建复合片段"命令

图6-52　选择"正片叠底"混合模式

步骤 07 拖动时间线指针至第2个节拍点位置，按【Ctrl+B】组合键分割片段，然后将分割后的第2个片段复制到画中画轨道中，如图6-53所示。

步骤 08 在"画面"面板中单击"蒙版"按钮，选择"线性"蒙版。采用类似的方法，为其他复合片段添加"线性"蒙版，然后单击"反转"按钮，如图6-54所示。

图6-53　分割并复制复合片段

图6-54　单击"反转"按钮

步骤 09 在"动画"面板中单击"出场"按钮，选择"向下滑动"动画，在下方设置"动画时长"为1.6s，如图6-55所示。采用类似的方法，为其他复合片段添加"向上滑动"出场动画。

图6-55　添加出场动画

步骤 10 导入其他视频素材并将其拖至时间线上，将每段视频每隔两个节拍点进行分割，并删除多余的部分。在素材面板上方单击"转场"按钮，选择"叠化"类别中的"叠化"转场效果，将其拖至"视频1"和"视频2"片段的连接位置。采用类似的方法，为其他视频片段添加转场效果，如图6-56所示。单击"导出"按钮，即可导出短视频。

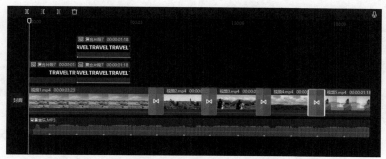

图6-56　添加转场效果

↘ 6.4.3　制作高级感大字幕效果

字幕的字体、颜色、大小和排列方式等都会影响观众的观感。本案例主要利用剪映的"文本"和"动画"面板制作高级感大字幕效果，具体操作方法如下。

制作高级感
大字幕效果

步骤 01 将视频和音频素材拖至时间线上，选中音频素材并单击鼠标右键，在弹出的快捷菜单中选择"识别字幕/歌词"命令，如图6-57所示。

步骤 02 在"文本"面板中取消勾选"文本、排列、气泡、花字应用到全部歌词"复选框，然后输入文本并设置"字体"为"得意黑"，"字号"为18，"颜色"为白色，如图6-58所示。

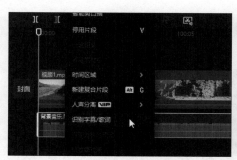

图6-57　选择"识别字幕/歌词"命令

图6-58　设置字体格式

步骤 03 在"动画"面板中单击"入场"按钮，选择"收拢"动画；然后单击"出场"按钮，选择"溶解"动画，如图6-59所示。

步骤 04 新建文本并输入文字"没有"，然后在"文本"面板中设置"字体"为"惊鸿体"，"字号"为45，"颜色"为深红色，如图6-60所示。

步骤 05 在"动画"面板中单击"入场"按钮，选择"向下飞入"动画；然后单击"出场"按钮，选择"渐隐"动画，如图6-61所示。

步骤 06 新建文本并输入"RU GUO MEI YOU FANG XIANG"，然后在"文本"面板中设置"字号"为5，"颜色"为白色，"字间距"为11，如图6-62所示。

图6-59　设置出场动画

图6-60　设置字体格式

图6-61　设置出场动画

图6-62　设置字体格式

步骤 **07** 在"动画"面板中单击"入场"按钮，选择"故障打字机"动画，如图6-63所示；然后单击"出场"按钮，选择"渐隐"动画。

步骤 **08** 在时间线面板中调整每个文本的长度，使其与背景音乐的相应部分对齐，如图6-64所示。

图6-63　设置入场动画

图6-64　调整文本的长度

步骤 **09** 采用同样的方法继续添加其他文本，调整其长度和位置，并添加合适的入场和出场动画，使字幕的出现和消失更加自然，与背景音乐更加协调，如图6-65所示。单击"导出"按钮，即可导出短视频。

图6-65　添加其他文本

课堂实训

打开"素材文件\第6章\课堂实训\文字遮挡出现"文件夹，将视频素材导入剪映专业版，制作文字遮挡出现效果，如图6-66所示。

图6-66　文字遮挡出现效果

本实训的操作思路如下。

（1）将文本添加到文本轨道，设置文本样式，调整文本片段的长度。

（2）将文本片段转换为复合片段。

（3）将视频片段复制一个并移至文本上方轨道，对画面中的人物进行智能抠像。

课堂实训

（4）为复合片段添加"线性"蒙版，启用"蒙版"关键帧，调整蒙版的位置，使文字随着人物行走跟在人物身后出现。

课后练习

1. 简述选择背景音乐的技巧。

2. 打开"素材文件\第6章\课后练习\添加音频"文件夹，将视频素材导入剪映专业版，为素材添加合适的音乐、旁白和音效。

3. 打开"素材文件\第6章\课后练习\添加字幕"文件夹，将视频素材导入剪映专业版，为素材添加字幕和贴纸，并设置合适的动画和音效。

第 7 章
短视频的导出与发布

【知识目标】

➤ 掌握制作片头和片尾的方法。
➤ 掌握在剪映中制作短视频封面的方法。
➤ 掌握优化标题和添加话题标签的方法。
➤ 掌握导出和发布短视频的方法。

【能力目标】

➤ 能够为短视频制作片头和片尾。
➤ 能够根据需要为短视频制作封面。
➤ 能够优化短视频的标题和发布时间。
➤ 能够根据需要导出和发布短视频。

【素养目标】

➤ 秉承诚信原则，实事求是地通过短视频进行宣传推广。
➤ 遵守短视频行业法律法规，不发布涉及敏感内容或违规行为的短视频。

　　由于短视频的时长较短，所以在发布之前需要对其细节进行优化，以提高其"上热门"并吸引更多观众关注的概率。本章将介绍制作短视频片头与片尾，以及导出短视频、优化与发布短视频的方法。

7.1 制作片头

精彩的片头能够使短视频更具个性化特征，吸引观众的视线，提升短视频的完播率。下面介绍使用模板制作片头和制作多屏开场片头的方法。

7.1.1 使用模板制作片头

剪映中有很多模板，它们可以满足用户不同的创作需求。使用模板可以大大提高剪辑效率，同时也能让初学者更快地上手。本案例介绍如何使用"素材包"中的模板快速制作片头，具体操作方法如下。

使用模板制作片头

步骤01 新建草稿，在素材面板上方单击"模板"按钮，在"素材包"类别中选择"美食"，然后在右侧选择合适的模板，如图7-1所示。

步骤02 将模板拖至时间线上，单击鼠标右键，在弹出的快捷菜单中选择"解除素材包"命令，如图7-2所示。

图7-1 选择模板

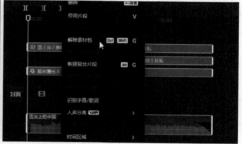

图7-2 选择"解除素材包"命令

步骤03 将视频素材拖至时间线上，根据需要对视频片段进行修剪，然后在"调节"面板中单击"基础"按钮，设置"暗角"为10，如图7-3所示。

步骤04 选中需要修改的文本，在"文本"面板中重新输入文本内容，如"麻辣小龙虾"，如图7-4所示。单击"导出"按钮，即可导出短视频。

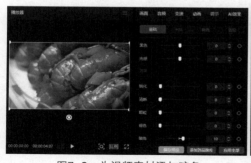

图7-3 为视频素材添加暗角

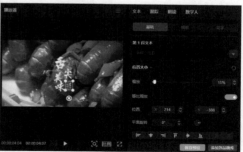

图7-4 编辑文本

7.1.2 制作多屏开场片头

本案例介绍如何制作多屏开场片头，主要使用剪映的蒙版和"画面"面板，具体操

131

作方法如下。

步骤 01 将音频素材拖至时间线上，然后将"素材库"中的"白场"素材添加到时间线上，如图7-5所示。

步骤 02 将"视频1"素材拖至时间线上，单击"关闭原声"按钮，在"画面"面板中单击"基础"按钮，然后设置"缩放"和"位置"参数，让视频片段正好处于整体画面的左上角，如图7-6所示。

制作多屏开场片头

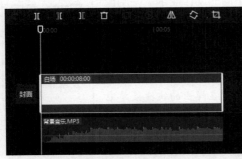

图7-5　添加音频素材和"白场"素材　　　　图7-6　调整视频素材大小和位置

步骤 03 采用同样的方法添加其他视频素材，然后调整它们的大小和位置，效果如图7-7所示。

步骤 04 将时间线指针定位到视频的起始位置，选择"视频1"片段，在"画面"面板中单击"蒙版"按钮，选择"线性"蒙版，设置"位置"和"旋转"参数，然后单击"旋转"右侧的"添加关键帧"按钮◆，如图7-8所示。

图7-7　添加其他视频素材　　　　　　图7-8　添加蒙版和关键帧

步骤 05 将时间线指针定位到3s的位置，设置"旋转"为180°，此时剪映会自动在该位置添加一个关键帧，如图7-9所示。

步骤 06 采用同样的方法为其他视频片段添加"线性"蒙版和关键帧，效果如图7-10所示。

步骤 07 将"视频5"片段拖至时间线上，将时间线指针定位到3s的位置，在"画面"面板中选择"圆形"蒙版，设置"大小"的长和宽均为1，然后单击"大小"右侧的"添加关键帧"按钮◆，如图7-11所示。

步骤 08 将时间线指针定位到5s的位置，设置"大小"的长和宽均为1557，使视频画面完全显示出来，如图7-12所示。

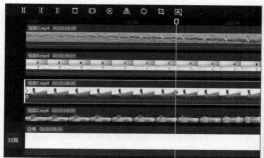

图7-9 添加关键帧

图7-10 预览视频效果

图7-11 单击"添加关键帧"按钮

图7-12 设置"大小"参数

步骤 09 复制"视频5"片段，在"素材库"中选择"白场"，然后将其拖至"视频5"片段上进行素材替换，如图7-13所示。

步骤 10 选中"白场"片段上的第一个关键帧，在"画面"面板中设置其蒙版的"大小"为4，然后设置第二个关键帧的蒙版的"大小"为2400，效果如图7-14所示。

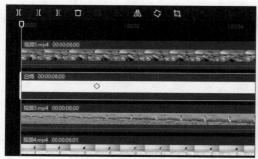

图7-13 添加"白场"素材

图7-14 设置"大小"参数

步骤 11 在素材面板上方单击"文本"按钮 TI ，在"手写字"类别中选择合适的文字模板，将其拖至时间线上，如图7-15所示。

步骤 12 多屏开场片头制作完成，预览此时的视频效果，如图7-16所示。单击"导出"按钮，即可导出短视频。

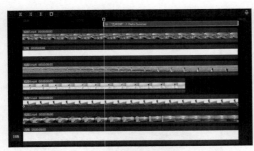

图7-15　添加文字模板　　　　　　　图7-16　预览视频效果

7.2　制作片尾

　　颇具特色的片尾不仅能让观众感到意犹未尽，还有助于促进观众互动，丰富视频内容的呈现形式。下面分别介绍引导关注片尾和电影感片尾的制作方法。

↘ 7.2.1　制作引导关注片尾

　　通过在片尾添加特定的提示或标语，如"下期预告""点赞收藏""关注我们"等，引导观众关注创作者或品牌的社交媒体账号，以提高短视频的曝光度，增加创作者或品牌的粉丝数量。本案例制作一个引导关注的片尾，具体操作方法如下。

制作引导关注
片尾

步骤 01　将视频和音频素材拖至时间线上，选中视频素材，在"变速"面板中设置"倍数"为2.00x，然后在时间线面板中对视频片段进行分割，删除不需要的部分，如图7-17所示。

步骤 02　在素材面板上方单击"滤镜"按钮❷，为视频片段添加"人像"类别中的"粉瓷"和"凝黛"滤镜，在"滤镜"面板中设置"凝黛"滤镜的"强度"为43，如图7-18所示。

图7-17　添加素材　　　　　　　　　图7-18　添加滤镜

步骤 03　在素材面板上方单击"文本"按钮❢，在"美妆"类别中选择合适的文字模板，将其拖至时间线上，重新输入文本内容，如图7-19所示。

步骤 04　在"互动引导"类别中选择需要的文字模板，将其拖至时间线上，如图7-20所示。

步骤 05　在素材面板上方单击"特效"按钮，添加"基础"类别中的"模糊"特效，将时间线指针定位到1s的位置，在"特效"面板中设置"模糊度"为0，然后单击"模糊度"右侧的"添加关键帧"按钮◈，如图7-21所示。

图7-19　添加文字模板

图7-20　添加文字模板

图7-21　添加"模糊"特效

步骤06 将时间线指针定位到3s的位置，在"特效"面板中设置"模糊度"为40，如图7-22所示。

步骤07 在时间线面板中添加一个"叮，片尾关注效果音"音效，如图7-23所示。完成所有操作后，单击"导出"按钮，即可导出短视频。

图7-22　设置"模糊度"参数

图7-23　添加音效

↘ 7.2.2　制作电影感片尾

片尾滚动字幕通常用于显示演员表、制作人员名单或感谢词等信息。本案例使用剪映的"文本""贴纸"面板和关键帧制作电影感片尾，具体操作方法如下。

制作电影感片尾

步骤01 将视频和音频素材拖至时间线上，选中视频素材，在"画面"面板中单击"蒙版"按钮，选择"镜面"蒙版，在"播放器"面板中调整蒙版的大小和位置，如图7-24所示。

图7-24 选择"镜面"蒙版

步骤 02 单击"基础"按钮，在"播放器"面板中将视频画面拖至合适的位置。在素材面板上方单击"文本"按钮**TI**，在"旅行"类别中选择合适的文字模板，然后将其拖至时间线上，并调整文字模板的大小和位置，如图7-25所示。

图7-25 选择文字模板

步骤 03 选择"新建文本"类别中的"默认文本"，将其拖至时间线上，然后在"文本"面板中输入所需的文字，并设置"字号""行间距""对齐方式"等，如图7-26所示。

图7-26 设置文本格式

步骤 04 将时间线指针定位到视频的起始位置，在"播放器"面板中将字幕拖至画面的最左侧，然后单击"位置"右侧的"添加关键帧"按钮◇，如图7-27所示。

步骤 05 采用同样的方法，将时间线指针定位到11s的位置，将字幕拖至画面的最右侧，此时剪映会自动在该位置添加一个关键帧，如图7-28所示。

图7-27　添加关键帧

图7-28　拖动字幕至画面的最右侧

步骤 06 在素材面板中单击"贴纸"按钮◎，在搜索框中输入"片尾"，选择合适的贴纸，将其添加到时间线上，如图7-29所示。

步骤 07 在"动画"面板中单击"入场"按钮，选择"渐显"动画，设置"动画时长"为2.0s，如图7-30所示。单击"导出"按钮，即可导出短视频。

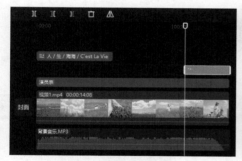

图7-29　添加贴纸

图7-30　添加入场动画

7.3　导出短视频

导出短视频是短视频制作的最后一个重要环节。导出短视频不仅仅是将编辑好的内容保存下来，更是展示创作成果的关键一步。合适的导出设置，可以使短视频作品在各个平台上的播放效果都能达到最佳。

↘ 7.3.1　制作短视频封面

短视频封面对于提高短视频的播放量起着至关重要的作用。因为封面是观众最先看到的内容，它直接影响观众的观看欲望。

在设计和制作短视频封面时，创作者应突出展现视频中的亮点和精彩片段，让观众能够快速理解视频的主旨，从而引发他们的观看兴趣。例如，如果视频主题是传授知识或实用技巧，可以把从视频中提炼出来的核心信息放到封面上；如果视频风格是轻松幽默型的，则可以选择视频中特别有趣或夸张的人物形象作为封面。

制作短视频封面

　　剪映为用户提供了便捷的设置封面功能，其中内置了不同风格的封面模板，使用户能够快速制作出精美的短视频封面，具体操作方法如下。

步骤 01 打开草稿，在主轨道左侧单击"封面"按钮，如图7-31所示。

步骤 02 在弹出的"封面选择"对话框中选择要设置为封面的视频画面，然后单击"去编辑"按钮，如图7-32所示。

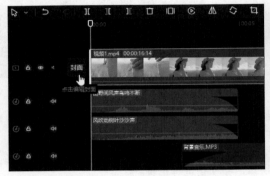

图7-31　单击"封面"按钮　　　　　　图7-32　"封面选择"对话框

步骤 03 在"封面设计"对话框中选择"生活"分类，然后选择合适的模板，将其拖至封面的下方，如图7-33所示。

步骤 04 在封面上选中要修改的文字，在文本框中编辑文字，如图7-34所示。封面设置完成后，单击"完成设置"按钮即可。

图7-33　选择模板　　　　　　　　　图7-34　编辑文字

↘ 7.3.2　短视频导出设置

　　在导出短视频作品时，分辨率和帧率要与原视频保持一致，否则可能会出现画面变形或卡顿的情况。下面介绍如何进行短视频导出设置，具体操作方法如下。

短视频导出设置

步骤 01 视频剪辑完成后，单击剪映专业版右上角的"导出"按钮，即可进行导出设置，如图7-35所示。

步骤 **02** 在弹出的"导出"对话框左侧勾选"封面添加至视频片头"复选框，在右侧设置"标题""分辨率""编码""格式"等，勾选"字幕导出"复选框，可以将字幕单独导出。单击"导出"按钮，如图7-36所示。

步骤 **03** 导出完成后，可以直接将视频发布至抖音或西瓜视频平台，如图7-37所示。单击"打开文件夹"按钮，可以查看保存的视频文件、封面和字幕文件，如图7-38所示。

图7-35 单击"导出"按钮

图7-36 导出基本设置

图7-37 发布视频

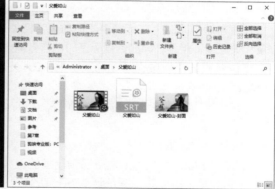

图7-38 查看导出文件

7.4 短视频优化与发布

随着短视频平台的崛起和用户数量的不断攀升，短视频的优化与发布变得至关重要。为了在激烈的竞争中脱颖而出，创作者需要对自己的短视频进行优化。

7.4.1 短视频的优化

优化短视频的标题、发布时间和添加话题标签，可以提高短视频的吸引力和播放量。

1. 标题优化

很多时候，即使短视频的内容比较平淡，但因为创作者为短视频取了一个非常吸引人的标题，短视频也可能被推上热门。因此，一个好标题是必不可少的。

标题的好坏直接决定短视频的点击量、完播率的高低，所以在拟定短视频标题时应简洁明了，避免冗长和复杂的表述，尽量使用短句或关键词来表达短视频的主题。如果短视频中有特别的亮点或卖点，可以将其体现在标题中，以吸引观众的注意力。

如果想让标题形式变得新颖，可以采用多种句式，如疑问句、反问句、感叹句、设问句等。这些句式可以激发用户的好奇心，让他们对短视频内容产生兴趣和期待，如"淘米水的8大妙用！你都知道吗？""年轻人，究竟是打工好，还是创业好？"

目前，短视频标题以两段式和三段式为主。这两种标题格式之所以受到创作者的青睐，是因为它们可以承载更多的信息，表述更加清晰，更易于用户理解。通过合理运用这两种标题格式，我们可以更好地吸引用户的注意力，提高短视频的点击率和播放量，如"你再这样跳绳，只会越来越胖！""银饰戴久氧化了？这样做，跟新买的一样！"

另外，在撰写短视频标题时可以明确提及利益，无论是观看短视频所能带来的好处，还是短视频中介绍的产品或服务所能带来的益处，均可在标题中直接告知用户。这样能够增强标题对用户的吸引力，使其更愿意继续观看并了解更多信息。

创作者在拟定标题时要注意，短视频平台会根据用户输入的关键词给出搜索列表，如果短视频标题中包含用户搜索的关键词，相应短视频就会被平台推荐。因此，为了提高短视频的推荐量和播放量，创作者可以在标题中多添加一些高流量的关键词。

2. 添加话题标签

在发布短视频时，在标题中添加与内容相关的话题标签，可以有效提高短视频的曝光度和关注度。但是，添加话题标签时创作者需要运用一定的方法和技巧。

创作者应选择与短视频主题紧密相关的标签，比如针对美食类短视频，可以添加"#美食""#夜宵吃什么""#家常菜"等标签；针对宠物类短视频，可以添加"#萌宠""#宠物日常记录""#治愈系猫咪"等标签。同时，标签的数量一般控制在1～3个。

3. 优化发布时间

短视频发布时间的优化是短视频运营的重要一环，合适的发布时间有助于短视频获得更多的曝光和互动。据统计，在抖音等短视频平台，在工作日的7:00—9:00、12:00—13:00、16:00—18:00以及20:00—22:00和周六、周日这些时间段发布的短视频，其观看人数较多，也更容易上热门。

除了参考以上的发布时间外，创作者还要了解目标受众的兴趣、活跃时间、工作和生活习惯等，以更好地选择发布时间。例如，健身类短视频适合在6:00—8:00发布，学习类短视频适合在7:00—9:00和20:00—22:00发布。

在积累一定的粉丝量后，创作者可以根据不同时间段粉丝的活跃度来确定发布短视频的时间，这样就能获得更多的点赞和互动，也更容易涨粉和上热门。图7-39所示为快手"数据中心"页面，可以看出该账号的粉丝的活跃时间段主要是晚上。

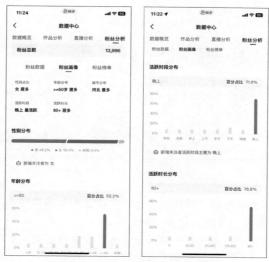

图7-39 快手"数据中心"页面

↘ 7.4.2 短视频的发布

在发布短视频前，创作者要确保短视频内容符合短视频平台的审核标准，避免涉及敏感内容或违规行为，导致短视频被平台下架或账号被封禁。在发布短视频时，为了提高短视频的曝光率和关注度，还可以添加相关的话题标签和地理位置信息等。

短视频的发布

下面以抖音短视频平台为例介绍如何发布短视频，具体操作方法如下。

步骤01 打开"抖音创作者中心"网页并登录抖音账号，然后单击"发布视频"按钮，如图7-40所示。

步骤02 在打开的"发布视频"页面中单击"上传"按钮 ☁️，如图7-41所示。

图7-40 单击"发布视频"按钮　　　　图7-41 单击"上传"按钮

步骤03 在弹出的"打开"对话框中选择要发布的短视频，然后单击"打开"按钮，如图7-42所示。

步骤04 进入"发布视频"页面，输入视频标题及描述，并添加相关话题，然后单击"选择封面"按钮，如图7-43所示。

图7-42　选择短视频

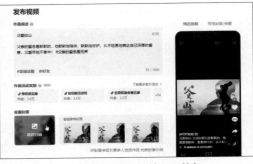

图7-43　单击"选择封面"按钮

步骤 05 在弹出的"选取封面"对话框中选择要设置为封面的视频画面，拖动裁剪框裁剪画面，然后单击"完成"按钮，如图7-44所示。

步骤 06 根据需要设置"添加章节""添加标签""申请关联热点""添加到"等发布选项，如图7-45所示。

图7-44　设置封面　　　　　　　　　　　图7-45　设置发布选项

步骤 07 设置是否同步到其他平台，设置谁可以看、发布时间等，然后单击"发布"按钮，即可发布短视频，如图7-46所示。

步骤 08 进入"作品管理"页面，即可预览短视频，还可以根据需要对其进行管理，如修改描述和封面、设置权限、作品置顶、删除作品等，如图7-47所示。

图7-46　单击"发布"按钮

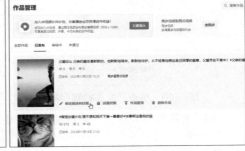

图7-47　管理发布的作品

课堂实训

打开"素材文件\第7章\课堂实训\Vlog片头"文件夹，将视频素材导入剪映专业版，制作一个Vlog片头，如图7-48所示。

图7-48　Vlog片头

本实训的操作思路如下。

（1）添加背景素材，在画中画轨道中添加3个视频素材，并对视频素材进行排版。

（2）调整视频素材的开始位置，使其逐个显示，为视频素材添加入场动画。

（3）添加贴纸和标题文本，对文本设置入场动画和循环动画。

课堂实训

课后练习

1. 简述优化短视频标题的方法。

2. 打开"素材文件\第7章\课后练习\胶片回忆片头"文件夹，将视频素材导入剪映专业版，制作一个胶片放映片头。

第 8 章
短视频制作基础案例实训

【知识目标】

➤ 掌握制作动态相册短视频的思路和方法。
➤ 掌握制作记录生活Vlog的思路和方法。
➤ 掌握制作山水风景短视频的思路和方法。
➤ 掌握制作文艺故事短视频的思路和方法。

【能力目标】

➤ 能够使用剪映专业版剪辑动态相册短视频。
➤ 能够使用剪映专业版剪辑记录生活Vlog。
➤ 能够使用剪映专业版剪辑山水风景短视频。
➤ 能够使用剪映专业版剪辑文艺故事短视频。

【素养目标】

➤ 弘扬工匠精神，在短视频创作中精雕细琢、精益求精。
➤ 用短视频讲好中国故事，传播中国声音。

　　随着人们对短视频优质内容需求的增长，短视频制作也对创作者提出了更高的要求。为了让自己创作的短视频更具创意和吸引力，越来越多的人开始优化短视频。本章将从短视频素材的选取开始，详细介绍不同类型短视频的剪辑思路，并通过4个实训案例帮助读者更好地掌握短视频的制作方法，提升个人的剪辑水平。

8.1 制作动态相册短视频

在快节奏的现代生活中，我们常常会忽略掉许多美好的瞬间。动态相册短视频是一种将瞬间定格成永恒的方式，它能让我们在繁忙的生活中停下来，回味那些温馨感人的时刻。

↘ 8.1.1 素材的选取

素材是动态相册的基石，其选取得恰当与否直接关系到最终作品的质量。只有在素材选取上下足功夫，我们才能制作出画面精美、制作精良的动态相册短视频。

1. 明确相册主题

在挑选素材时，首先要明确相册的主题和风格，确保所选的照片素材能够与主题紧密相扣，以实现独特的视觉效果和情感表达。如要制作儿童成长类动态相册短视频，需要准备能够体现孩子们不同阶段的成长的照片素材，必要时可以配上文字说明，以更好地表现主题。

2. 照片素材的选取

高质量的照片是制作动态相册的基础。挑选曝光正常、色彩还原度高、具有故事性、情感丰富和视觉冲击力强的照片，能够为后续的剪辑提供丰富的素材。除此之外，为了使动态相册的整体视觉效果更加和谐统一，应尽量选择画幅和比例相近的照片进行制作。例如，全部使用横画幅或竖画幅的照片，这样可以使相册的每一个画面都保持协调一致，从而提升短视频的整体观看体验。

3. 音乐素材的选取

音乐是动态相册的灵魂，选择与相册主题相符的音乐能够为短视频增添氛围。例如，如果动态相册是关于婚礼的，可以选择浪漫、温馨的音乐；如果是关于旅行的，则可以选择轻松、欢快的音乐。

↘ 8.1.2 动态相册短视频剪辑思路

在制作动态相册短视频时，确保画面的统一和自然过渡是首要任务。这意味着要合理安排照片素材的顺序，使其在视觉上保持连贯，避免给观众带来突兀或混乱的感觉。

此外，控制短视频的节奏也非常重要。短视频应流畅而不拖沓，每段素材的持续时间不宜过短。尽量添加较为平滑的转场效果，使观众的关注重心放在画面和文字上。

为了提升视觉效果，创作者可以根据需要添加文字、贴纸、特效和滤镜等元素。这些元素可以有效地突出主题，营造出独特的氛围。但是，注意不要过度使用特效，以免分散观众的注意力。

↘ 8.1.3 制作儿童动态相册短视频

本案例利用剪映中的"动画""特效"和"贴纸"面板等，制作儿童动态相册短视频。

1. 制作片头

首先，为儿童动态相册短视频制作一个颇具趣味性的片头，具体操作方法如下。

制作片头

步骤 01 将"背景"和音频素材拖至时间线上，选中音频片段，在工具栏中单击"自动踩点"按钮 🔲，选择"踩节拍Ⅰ"选项，如图8-1所示。

步骤 02 拖动时间线指针至倒数第2个节拍点位置，按【W】键向右修剪音频片段，在"基础"面板中设置"淡出时长"为5.0s，如图8-2所示。

图8-1　添加节拍点　　　　　　图8-2　修剪音频素材

步骤 03 在素材面板上方单击"特效"按钮 ✨，选择"氛围"类别中的"水彩晕染"特效，将其拖至时间线上，调整其长度，使其与音频上的第2个节拍点对齐，在"特效"面板中设置"不透明度"为40，如图8-3所示。

步骤 04 在素材面板中单击"贴纸"按钮 📄，选择合适的贴纸，并将其拖至时间线上，在"动画"面板中单击"入场"按钮，然后选择"弹入"动画，如图8-4所示。

图8-3　添加"水彩晕染"特效　　　　图8-4　选择"弹入"动画

步骤 05 复制贴纸，在工具栏中单击"镜像"按钮 ⚠，然后将其拖至合适的位置。采用同样的方法，继续为片头添加其他装饰贴纸和文字模板，效果如图8-5所示。

步骤 06 将"11"图片素材拖至时间线上，在"画面"面板中单击"抠像"按钮，勾选"智能抠像"复选框，将人物抠取出来，然后为其添加"向上滑动"入场动画，如图8-6所示。

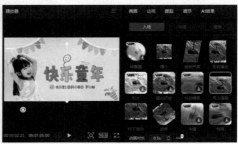

图8-5　添加其他贴纸　　　　　　图8-6　抠取人物

步骤 07 在素材面板上方单击"音频"按钮❸，为片头动画添加合适的音效，如"气泡弹出""卡通跳跃Q弹啾飞综艺语言""气泡冒出字幕弹出"等，如图8-7所示。

图8-7　添加音效

2. 处理素材并添加特效

下面将照片素材依次导入剪映进行组接和调整，然后添加白色边框和画面特效，具体操作方法如下。

处理素材并添加特效

步骤 01 将时间线指针定位到第1个节拍点位置，将"01"图片素材拖至时间线上，调整其时长，使其左端与第1个节拍点对齐，如图8-8所示。

步骤 02 在工具栏中单击"裁剪比例"按钮▣，弹出"裁剪比例"对话框，在"裁剪比例"下拉列表框中选择"16：9"，然后拖动裁剪框到合适的位置，单击"确定"按钮，如图8-9所示。

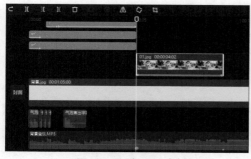

图8-8　添加图片素材

图8-9　裁剪图片比例

步骤 03 在"画面"面板中单击"基础"按钮，设置"缩放"为70%，将图片缩放至合适的大小。在"动画"面板中单击"组合"按钮，然后选择"荡秋千Ⅱ"动画，如图8-10所示。

步骤 04 采用类似的方法，调整其他图片素材的裁剪比例和长度，使其长度与节拍点间隔距离相等，然后添加合适的组合动画效果，如"荡秋千""旋出渐隐""悠悠球""左拉镜""转圈圈""下降向左"，如图8-11所示。

图8-10　添加组合动画

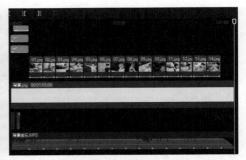

图8-11　为其他图片素材添加动画

步骤 05 将时间线指针定位到第1个节拍点位置，复制所有图片片段，选择"素材库"中的"白场"素材，将其拖至时间线上替换原图片片段。在"画面"面板中设置"缩放"为75%，为照片添加白色边框，如图8-12所示。

步骤 06 采用类似的方法，为其他图片片段添加白色边框，如图8-13所示。

图8-12　设置"缩放"参数

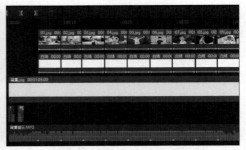

图8-13　为照片添加白色边框

步骤 07 在相框的两侧添加合适的装饰贴纸，并为其添加"弹入"入场动画和"弹簧"出场动画，如图8-14所示。

步骤 08 在素材面板上方单击"特效"按钮 ，选择"氛围"类别中的"春日樱花"特效，将其添加到"01"片段上方，在"特效"面板中设置"不透明度"为60、"速度"为33，如图8-15所示。

图8-14　添加出场动画

图8-15　添加"春日樱花"特效

步骤 09 采用类似的方法为其他图片片段添加合适的特效，如"泡泡""浪漫氛围Ⅱ""光斑飘落"等，如图8-16所示。

图8-16 为其他图片片段添加特效

3. 制作片尾

下面使用贴纸、文字模板和转场效果为短视频制作一个片尾，具体操作方法如下。

制作片尾

步骤01 将"素材库"中的"白场"素材添加到时间线上，在"画面"面板中设置"不透明度"为0%；然后将"MG动画"类别中的"水波向右"转场效果拖至"14"和"白场"片段的组接位置，如图8-17所示。

步骤02 为片尾添加合适的装饰贴纸和文字模板，效果如图8-18所示。单击"导出"按钮，即可导出短视频。

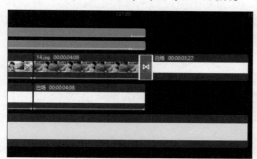

图8-17 添加转场效果

图8-18 添加贴纸和文字模板

8.2 制作记录生活Vlog

Vlog是一种以视频形式记录个人生活、分享经验、表达观点的新型媒体形式。随着网络技术的发展和社交媒体的普及，Vlog已经成为人们展示自我、交流思想的一种方式。

8.2.1 素材的选取

与其他形式的短视频相比，Vlog更注重表现创作者对生活的记录。在剪辑Vlog时，可以精剪也可以粗剪，重要的是要表现出创作者对于生活的理解。一个完整的Vlog通常分为5个部分，即开场、结尾、转场、A_roll、B_roll。在选取素材时，可以分别为5个部分选择合适的素材。

（1）开场。Vlog的开场可以用于展示自己的形象，进行自我介绍或展示旅行前的准备情况，让观众更好地了解自己。也可以用于介绍Vlog拍摄的环境和背景，如所在的城市、景点等，为整个Vlog奠定基调。

（2）结尾。Vlog的结尾可以是对Vlog内容的回顾和总结，或与观众的互动。对于新手创作者，结尾也可以省略。

（3）转场。转场是为了突出Vlog时间和空间上的变化，合适的转场能让整个Vlog看起来很高级，可以通过前期的拍摄和后期的处理进行转场，也可以直接用语言描述来说明场景的转换，但要注意画面衔接自然。常用的转场技巧有遮挡镜头转场、相似场景转场、相似动势转场等。

（4）A_roll。A_roll是指Vlog的叙事主线，其作用在于保证整个Vlog的连续性，让观众一看就明白主题。

（5）B_roll。B_roll用来丰富Vlog的内容，是通过画面来叙事，就像文章里的插画和配图。

↘ 8.2.2 记录生活Vlog剪辑思路

Vlog的内容丰富多样，涵盖旅行、美食、时尚、健身、读书、电影等各个领域。通过拍摄和剪辑Vlog，创作者可以将自己的生活和体验以更生动、更直观的方式呈现给观众，让观众仿佛亲身参与其中。记录生活Vlog的剪辑思路如下。

1. 确定Vlog的主题和风格

在开始剪辑之前，应明确Vlog的主题，这有助于更好地选择和组织素材，并确保Vlog的连贯性和一致性。创作者应根据素材和主题剪辑出一条清晰的故事线，故事线可以是时间顺序、事件发展顺序或情感变化顺序等。创作者要确保故事线流畅、有趣，并能吸引观众的注意力。

在确定Vlog的主题之后，接下来就是确定风格。Vlog的风格可以是轻松的，也可以是正式的、快节奏的，其风格会影响剪辑手法。例如，如果Vlog是清新自然风格的，背景音乐就应该是让人感到轻松、愉悦的，在剪辑时要避免过多的特效和转场，使Vlog更加自然真实。

2. 开头的剪辑

开头在Vlog中是比较重要的部分，它是观众是否愿意继续观看下去的关键。Vlog的开头要有"仪式感"，可以是文字、某个经典的动作，也可以是特定类型的画面，要保证Vlog的开头引人入胜。

3. 主体的剪辑

主体是Vlog的主要部分，在剪辑时可以多加一些重点片段，为了突出重点还可以添加提示性字幕或提示音效。主体的逻辑性很重要，在剪辑时要基于观众的视角进行创作，思考观众在观看Vlog时是什么感觉，搞清楚观众关心什么，从而建立清晰的叙事逻辑。

4. 结尾的剪辑

Vlog的结尾主要有两种类型，一种以黑幕结尾，另一种以文字结尾。黑幕结尾即画面从正常的亮度慢慢变黑，直至Vlog结束。结尾的剪辑应避免戛然而止，而应有一种慢慢结束的感觉，给观众一些遐想和反应的时间。

还有一些Vlog以动态的文字效果结尾，以吸引观众观看下一集或者吸引观众关注自己。例如，使用文字告诉观众下一集要讲的内容，询问观众想看什么内容，或者设置一些抽奖福利以提升粉丝的黏性，也可以说一些祝福语。

↘ 8.2.3 制作记录海岛旅行Vlog

本案例制作一个记录海岛旅行Vlog，展示独特的海岛风光，分享自己精彩的旅行体验，并为观众提供旅游资讯和建议，帮助他们更好地准备和计划自己的旅行。

1. 剪辑视频素材

下面对视频素材进行剪辑，主要是根据配音旁白剪辑视频素材，并对视频片段的播放速度进行调整，具体操作方法如下。

剪辑视频素材

步骤01 在剪映初始界面中单击"开始创作"按钮，进入视频剪辑界面，在"媒体"面板中导入需要的视频和音频素材，如图8-19所示。

步骤02 在"草稿参数"面板中单击"修改"按钮，然后设置"草稿名称""比例""分辨率""草稿帧率"等，开启"自由层级"，单击"保存"按钮，如图8-20所示。

图8-19 导入素材

图8-20 设置草稿

步骤03 将"配音"音频素材添加到音频轨道中，然后根据配音旁白依次在主轨道中添加视频素材，并对视频素材进行修剪，让视频画面呈现的场景与配音相吻合，如图8-21所示。

图8-21 添加并修剪视频素材

步骤04 对于不需要同期声的视频片段，拖动其音量控制柄，将其音量调为最低；对于需要同期声的视频片段，则保留其音量，或者根据需要调整音量大小，如图8-22所示。

步骤 05 将"音乐"素材添加到音频轨道中，并在适当位置裁剪音频左端，然后将音频拖至轨道最左侧，如图8-23所示，在"基础"面板中调整音量为-3.0dB。

图8-22 调整视频片段的音量

图8-23 添加并编辑"音乐"素材

步骤 06 在时间线面板中关闭主轨磁吸功能，将第2个视频片段拖至画中画轨道中，然后按【Ctrl+R】组合键，拖动该视频片段上方的速度控制柄，降低其播放速度，如图8-24所示。然后调整该视频片段的长度，并将其拖至主轨道中。

步骤 07 在时间线面板中选中"玻璃船"视频片段，在"变速"面板中单击"曲线变速"按钮，然后移动各锚点以自定义曲线变速，如图8-25所示。

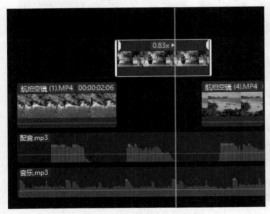

图8-24 调整播放速度

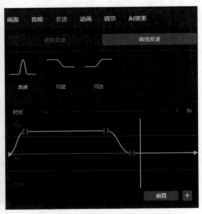

图8-25 自定义曲线变速

步骤 08 在时间线上选择第6个视频片段，按【Alt+Shift+-】组合键缩小"播放器"面板，然后在"播放器"面板中拖动控制柄调整画面构图，如图8-26所示。

图8-26 调整画面构图

2．视频调色

下面对视频进行调色，首先使用第三方色彩预设文件进行统一调色，然后对单独的视频片段进一步调色，具体操作方法如下。

视频调色

步骤 01 在素材面板中单击"调节"按钮，然后在左侧单击LUT按钮，单击"导入"按钮导入色彩预设文件，如图8-27所示。

步骤 02 在时间线面板中选择第1个视频片段，在"调节"面板中单击"基础"按钮，勾选"LUT"复选框，在"名称"下拉列表框中选择色彩预设文件，调整"强度"参数为50，然后单击"应用全部"按钮，将LUT效果应用到所有视频片段，如图8-28所示。

图8-27　导入LUT

图8-28　应用LUT

步骤 03 在"播放器"面板中预览调色效果，调色前后的对比如图8-29所示。

图8-29　调色前后的对比

步骤 04 在时间线面板中选中第2个视频片段，在"调节"面板中单击"曲线"按钮，在"亮度"曲线中使用吸管工具█在画面中吸取需要调节亮度的区域，即可在曲线上添加锚点，然后根据需要调整曲线，如图8-30所示。

图8-30　调整曲线

步骤 05 选中第4个视频片段，在"调节"面板中单击"基础"按钮，调整"亮度""高光""阴影""光感"等参数，如图8-31所示。

图8-31 调整参数

步骤 06 选中第6个视频片段，在"调节"面板中单击"色轮"按钮，将"高光"色轮中的色倾控制柄向蓝色偏移，使画面中的天空变蓝，如图8-32所示。

图8-32 调整色倾

步骤 07 选中"桨板（2）"视频片段，在"调节"面板中单击"基础"按钮，调整LUT"强度"参数为10，如图8-33所示。

图8-33 调整LUT"强度"

步骤 08 选中"帆船海钓（2）"视频片段，调整"高光"和"阴影"参数，如图8-34所示。

图8-34　调整"高光"和"阴影"参数

步骤 09 将"气泡水"滤镜添加到滤镜轨道中，在"滤镜"面板中调整滤镜"强度"为55，如图8-35所示。调整滤镜的长度，使其覆盖整个Vlog。

图8-35　添加"气泡水"滤镜

3. 添加效果

下面在Vlog中添加转场效果、动画效果、音效等，具体操作方法如下。

步骤 01 在素材面板上方单击"转场"按钮，在左侧选择"叠化"类别，将"叠化"转场效果添加到需要转场的视频片段中，如图8-36所示。

步骤 02 将时间线指针定位到添加了"叠化"转场效果的两段海洋航拍视频片段之间，选中左侧的视频片段，在"播放器"面板中调整画面构图，使其海平面位置与下一个画面中的海平面位置对齐，让画面过渡得更自然，如图8-37所示。

添加效果

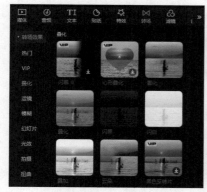

图8-36　选择并添加"叠化"转场效果

图8-37　调整画面构图

步骤 03 根据需要在时间线中添加所需的音效，在此添加"海岸边海浪拍打礁石声音效""潮水拍击海岸的声音""海浪声""抛竿"等音效，如图8-38所示。

步骤 04 选中最后一个视频片段，在"动画"面板中单击"出场"按钮，选择"渐隐"动画，调整"动画时长"为2.0s，如图8-39所示。

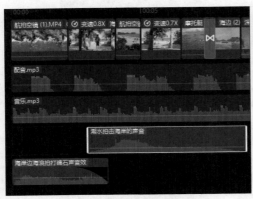

图8-38　添加音效

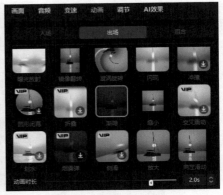

图8-39　添加出场动画

4. 添加字幕

下面在Vlog中添加旁白字幕及说明性字幕，并制作字幕动画，具体操作方法如下。

步骤 01 在素材面板上方单击"文本"按钮，然后在左侧单击"智能字幕"按钮，在右侧的"文稿匹配"选项中单击"开始匹配"按钮，如图8-40所示。

添加字幕

步骤 02 在弹出的"输入文稿"对话框中输入旁白配音所对应的文稿内容，如图8-41所示，然后单击"开始匹配"按钮。

图8-40　单击"开始匹配"按钮

图8-41　输入文稿内容

步骤 03 此时即可为Vlog添加旁白字幕，在时间线面板中选中文本片段，在"文本"面板中设置字体为"鸿蒙体中"样式，勾选"阴影"复选框，调整"模糊度"为10%，"距离"为3，如图8-42所示。

步骤 04 新建文本片段，在"文本"面板中设置"字体"和"字号"。选中文本中的第1个字，单击"颜色"按钮，在弹出的颜色面板中单击吸管图标，然后在视频画面中吸取颜色，如图8-43所示。采用同样的方法，设置其他两个文字的颜色，并为文本添加阴影效果。

图8-42　设置文本格式

图8-43　设置文字颜色

步骤 05 切换到"动画"面板，单击"入场"按钮，选择"缩小"动画，调整"动画时长"为0.8s，如图8-44所示。

步骤 06 单击"循环"按钮，选择"扫光"动画，调整"动画快慢"为2.0s，如图8-45所示。

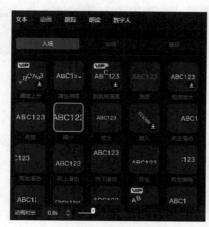

图8-44　设置入场动画

图8-45　设置循环动画

步骤 07 新建文本片段，在"文本"面板中输入文本，设置"字体"和"字号"。在"对齐方式"选项中单击"左对齐"按钮▤，然后在"播放器"面板中调整文本框的长度，如图8-46所示。

图8-46 新建文本并设置格式

步骤 08 在时间线面板中根据需要调整文本片段的长度和位置，然后对上层轨道中的文本片段进行分割，并根据需要修改文字，如图8-47所示。

步骤 09 选中分割后的两个文本片段，在"动画"面板中选择"打字机Ⅱ"入场动画，调整"动画时长"为0.8s，如图8-48所示。预览Vlog整体效果，并导出Vlog。

图8-47 调整文本片段

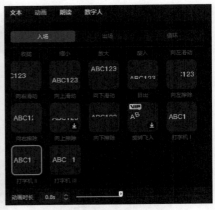

图8-48 设置入场动画

8.3 制作山水风景短视频

制作山水风景短视频，是记录自然之美、传递自然之声的一种方式。通过镜头可以捕捉到山水的壮丽与宁静，展现大自然的神奇与魅力。在这个快节奏的时代，让我们放慢脚步，欣赏山水美景，感受大自然的宁静与和谐。

8.3.1 素材的选取

完成前期的素材拍摄后，我们要整体预览和熟悉这些素材，进行初步的筛选和分类。为了更有效地管理这些素材，可以创建相应的文件夹。例如，将桂林山水的视频素材放入一个单独的文件夹中，并按照时间顺序或具体地点来命名。

在制作山水风景短视频时，素材的选取主要考虑以下几个方面。

1. 多样性

在选取素材时，可以选择具有多样性（包括不同的角度、距离、光线、季节等）的素材，以满足不同画面的创作需求。同时，要仔细观察山水风景中的细节（如山间的流水、树叶的纹理、天空的颜色等）变化，如图8-49所示。选取这些具有特色的视频素材，可以使视频画面更具吸引力，为观众呈现出丰富多彩的山水画卷。

图8-49　选择具有多样性的素材

2. 动态美

在选取素材时，可以选择具有动态感的素材，如湍急的河流、摇曳的树枝等。这些素材可以增加短视频的动态美，使观众产生身临其境的感觉。

3. 层次感

在选取素材时，可以选择具有层次感的素材。例如，既有远处的山脉又有近处的房屋的画面，在平静的湖面上凸出一块石头的画面。使用这些素材可以使画面更有层次感，如图8-50所示。

图8-50　选择具有层次感的素材

8.3.2　山水风景短视频剪辑思路

完成素材的选取后，梳理山水风景短视频的剪辑思路至关重要。通过以下几个步骤，我们可以更加高效地完成短视频的剪辑工作。

1. 粗剪视频素材

粗剪是短视频制作过程中的一个重要环节，其核心目的是搭建整个短视频的基本结构。在这个阶段，我们并不需要进行精细的画面调整，也无须过度关注音乐、节奏和剪辑点等细节，主要任务是将所有需要的素材导入剪辑工具，并删除那些与主题关联不大的镜头，然后排好素材的顺序。

2. 精剪视频素材

精剪是指在粗剪的基础上对视频素材进行细致的剪辑和处理，以提升短视频的质量和观赏性。在精剪时，首先要对所有的素材进行仔细的观看和分析，找出其中的亮点和不足，然后根据主题和创意对素材进行合理的剪辑和拼接，以构建出完整的短视频结构。

为了提升短视频的观赏性和吸引力，我们可以根据视频素材的差异程度来确定将哪些素材组接在一起。通常情况下，景别、色彩、画面风格等方面相差较大的视频片段适合组接在一起，因为这种跨度大的画面会让观众无法预判下一个场景会是什么，从而激发其好奇心，并吸引其看完整个短视频。在精剪过程中，需要不断地推敲和调整，以达到最佳的效果。

3. 画面处理

在山水风景短视频的制作中，遵循自然规律并还原景物的真实色彩是基本原则。为了使画面更加鲜艳、自然，对于曝光不足的视频素材，可以通过调整亮度、对比度、饱和度等参数进行改善。

为了增强画面的视觉冲击力和感染力，还可以根据不同的场景和需求添加一些转场效果，如淡入、淡出、闪黑、叠化等，这些都可以使画面更加生动。

4. 添加音频和旁白

音乐的搭配和使用在视频剪辑中具有举足轻重的地位。许多经验丰富的剪辑师深知如何将音乐与视频完美结合，使两者相得益彰。新手可以尝试借助音乐的节奏选择合适的剪辑点，使画面与音乐相匹配。例如，当音乐节奏加快时，可以选择快速流动的河流、飞鸟等动态画面，以增强视频的动感和活力；而当音乐节奏减缓时，可以选择静态的山峰、云雾等画面，以表现出自然的宁静和美丽。

此外，添加合适的音效和旁白，可以进一步增强山水风景短视频的感染力和氛围感。音效可以用于模拟自然声音，如流水声、鸟鸣声等，使观众仿佛置身于山水之间；而旁白则可以用于介绍背景知识，描述画面细节，使观众更深入地感受山水之美。

↘ 8.3.3 制作桂林山水风景短视频

桂林山水以其秀丽的风光和独特的地理环境吸引了无数游客。这里的山水美景以奇峰、怪石、清流和洞穴为特色，激发人们的无限遐想和探索欲望。本案例制作一个桂林山水风景短视频，让观众在欣赏桂林山水美景的同时，感受大自然的鬼斧神工。

1. 剪辑视频素材

下面根据背景音乐的节奏对视频素材进行剪辑，去掉冗余部分，保留精彩瞬间，使视频内容更加紧凑和流畅，具体操作方法如下。

剪辑视频素材

步骤 **01** 将"视频1"和"背景音乐"素材拖至时间线上，选中音频素材，在工具栏中单击"自动踩点"按钮 ，选择"踩节拍Ⅱ"选项，如图8-51所示。

步骤 **02** 选中视频素材，在"变速"面板中设置"倍数"为2.00x，并调整其长度，使其右端与第2个节拍点对齐，如图8-52所示。

图8-51　添加节拍点

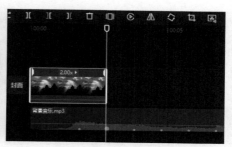

图8-52　调整视频素材播放速度

步骤 03 采用同样的方法，将其他视频素材添加到时间线上，根据节拍点的位置修剪素材，如图8-53所示。对于节奏较慢的视频素材，可以根据需要调整其播放速度，然后调整"背景音乐"的长度，使其与视频长度保持一致。

图8-53　修剪其他视频素材

步骤 04 在主轨道左侧单击"关闭原声"按钮 ，在素材面板上方单击"转场"按钮 ，选择"叠化"类别中的"闪黑"转场效果，将其拖至"视频1"和"视频2"片段的组接位置。采用同样的方法，在其他视频片段之间添加"闪黑"转场效果，如图8-54所示。

步骤 05 将"云层"视频素材拖至时间线上，在"画面"面板中单击"基础"按钮，在"混合模式"下拉列表框中选择"滤色"混合模式，如图8-55所示。

图8-54　添加"闪黑"转场效果

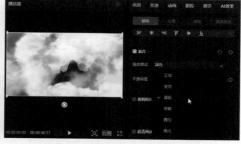

图8-55　选择"滤色"混合模式

步骤 06 复制"云层"片段，设置其"不透明度"为50%，制作出穿梭云层的转场效果，如图8-56所示。

步骤 07 为片头添加合适的文字模板，在"文本"面板中修改文本内容，效果如图8-57所示。

图8-56　设置"不透明度"　　　　　图8-57　添加文字模板

2. 添加并编辑音效

下面为短视频添加所需的音效，具体操作方法如下。

步骤01 选中"背景音乐"音频片段，在"基础"面板中设置"淡出时长"为5.0s，然后选中"视频2"片段并单击鼠标右键，在弹出的快捷菜单中选择"分离音频"命令，如图8-58所示。

步骤02 采用同样的方法，分离"视频3"片段中的音频，然后在视频的起始位置添加"低空飞行轰鸣声"音效，设置其"淡出时长"为2.0s，如图8-59所示。

添加并编辑音效

图8-58　选择"分离音频"命令　　　　图8-59　添加音效

步骤03 在视频的起始位置添加"空灵山谷/森林鸟叫声背景混合/飞鸟与轻风"音效，在"基础"面板中设置其"音量"为-5dB，"淡入时长"和"淡出时长"为2.0s，如图8-60所示。

图8-60　编辑音效

3. 视频调色

要想让短视频画面的色彩更加引人注目，可以对视频素材进行调色，具体操作方法如下。

视频调色

步骤 01 在素材面板上方单击"调节"按钮，选择"自定义调节"，并将其添加到时间线上，在"调节"面板中调整"饱和度""亮度""对比度"等参数，如图8-61所示。

步骤 02 在素材面板上方单击"滤镜"按钮，选择"影视级"类别中的"青橙"滤镜，将其拖至"视频30"片段的上方，在"滤镜"面板中设置"强度"为60，如图8-62所示。

图8-61 添加"自定义调节"

图8-62 添加"青橙"滤镜

步骤 03 根据需要调整"调节1"和"青橙"滤镜的长度，选中"视频7"片段，在"调节"面板中调整"亮度""对比度""阴影"等参数，如图8-63所示。

步骤 04 采用同样的方法，对其他视频片段进行调色。选中"视频37"片段，在"动画"面板中单击"出场"按钮，选择"渐隐"动画，设置"动画时长"为1.0s，如图8-64所示。

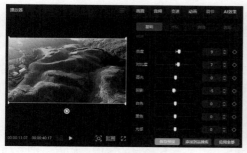
图8-63 调整参数

图8-64 选择"渐隐"动画

4. 添加旁白和字幕

下面为短视频添加旁白和字幕，具体操作方法如下。

添加旁白和字幕

步骤 01 拖动时间线指针至第6个节拍点位置，将"旁白"素材添加到时间线上，单击鼠标右键，在弹出的快捷菜单中选择"识别字幕/歌词"命令，如图8-65所示。

步骤 02 完成字幕识别后，在"文本"面板中可以根据需要对文本进行修改，如图8-66所示。

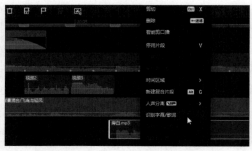

图8-65　选择"识别字幕/歌词"命令

图8-66　修改文本内容

步骤 03 将"默认文本"拖至时间线上，在"文本"面板中输入对应的英文字幕，并设置"字体""字号""颜色"等参数，如图8-67所示。单击"导出"按钮，即可导出短视频。

图8-67　添加英文字幕

8.4　制作文艺故事短视频

文艺故事短视频是一种融合文艺元素和故事情节的短视频，通常以独特的视角、富有诗意的叙事和深刻的情感表达为特点，旨在通过影像和声音的艺术组合讲述富有内涵和感染力的故事。

⬊ 8.4.1　素材的选取

在选取文艺故事短视频素材时，需要考虑场景、光线和色彩的运用、构图、细节捕捉及创意运镜等方面的因素。在拍摄和选取素材时，需要注意以下几个方面。

（1）选择合适的场景。例如，清新文艺风格的短视频通常注重自然、舒适的感觉，因此可以选择一些美丽的自然风景、安静的街道、咖啡馆、书店等作为拍摄场景，这些场景能够为视频画面营造出一种宁静、舒适的氛围。

（2）选择稳定的画面。为了保证拍摄的画面稳定与流畅，摄影师可以使用稳定器来减少画面抖动。稳定器能够让摄影师在移动拍摄时保持镜头的稳定，从而让观众观看视频时更加专注于视频内容。

（3）合理运用光线和色彩。光线和色彩是营造清新文艺风格的关键因素，摄影师可以尝试运用柔和的自然光,以及淡雅的色彩来营造清新、舒适的感觉。同时,还可以通过调整白平衡、饱和度等参数优化画面的色彩表现。

(4)注重构图。文艺故事短视频讲究构图"干净",除了主角和必要的道具,多余的物品不要出现在画面中。摄影师可以尝试运用黄金分割构图、框架构图、前景构图、引导线构图等来安排人物和道具的位置,让画面更加美观、和谐。

(5)捕捉细节。例如,清新文艺风格的短视频通常注重细节的呈现。摄影师可以运用特写镜头来捕捉人物的情感变化、物品的质感等细节,从而增强视频的感染力和吸引力。

(6)视频运镜。文艺故事短视频常用的运镜方式主要有平移运镜、环绕运镜、推拉运镜、移镜头、跟镜头、低角度运镜等,摄影师也可以尝试运用一些创意的运镜手法来增强视频的视觉冲击力。

↘ 8.4.2 文艺故事短视频剪辑思路

文艺故事短视频通常以人物为中心,注重情感表达,通过讲述人物的成长经历、情感经历或生活故事来传递正能量和温情。在剪辑这类短视频时,可以按照以下思路进行剪辑。

1. 明确主题和风格

在开始剪辑之前,首先要明确短视频的主题和风格。对于清新文艺故事短视频,其主题通常与自然、情感、生活等有关,注重画面的美感和情感的表达。确定了主题和风格后,按照主题和风格对拍摄好的素材进行整理,包括视频、音频、图片等,确保素材的质量和内容与主题和风格相符。

2. 剪辑故事线

根据故事情节和人物关系剪辑出一条清晰的故事线,可以按照时间顺序或情感发展来组织素材,确保故事的连贯性和完整性。在组接分镜头时,需要隔开一个景别组接,例如,第一个镜头拍摄全身全景,第2个镜头接中近景,这样衔接起来比较自然,不会出现像翻阅照片似的同机位跳切。

3. 添加过渡和效果

在故事线的不同部分之间添加合适的过渡效果,使画面转换更加自然、流畅。对于人物情绪的表达的视频片段,可以放慢其播放速度。同时,创作者可以运用一些特效来增强视觉效果,以提升视频的观感和吸引力,如使用慢动作来表达情绪以增强情绪的张力。

4. 添加音频和配乐

根据视频内容和情感表达选择合适的音频和配乐。声音的处理也非常重要,包括对白声音、独白声音、旁白声音、环境音效、内容音效、音乐等的处理。要确保声音清晰、平衡,并与视频内容相匹配。舒缓、轻柔的音乐能够为视频营造出文艺氛围。同时,配乐还能起到引导观众情感的作用,使观众更加投入其中。

5. 精修画面

对画面进行精细的调整,包括色彩、亮度、对比度等。合理调整画面的色彩和光影效果,可以营造出清新文艺的画面氛围。创作者可以尝试使用柔和的色调,如淡蓝色、淡绿色等,来营造清新文艺的感觉。

6. 添加字幕和标题

根据创作需要，在视频中添加合适的字幕和标题。简洁明了的字幕可以提供额外的信息和情感的补充，使视频内容更加完整。标题则可以概括视频的主题，吸引观众的注意力。

8.4.3 制作清新文艺风短视频

清新文艺风格的短视频具有情感真挚、内容自然、画面优美、音乐舒缓、注重细节、色调柔和、节奏明快和互动性强等特点。

1. 剪辑视频素材

下面对视频素材进行剪辑，先按照镜头分组粗剪视频素材，然后添加清新文艺风的歌曲作为背景音乐，再根据音乐调整各视频片段，具体操作方法如下。

剪辑视频素材

步骤 01 将视频素材导入"媒体"面板中，依次将视频素材添加到时间线面板中，并对视频素材进行粗剪，然后在主轨道左侧单击"关闭原声"按钮 ，关闭视频原声，如图8-68所示。按照地点和人物事件进行分组剪辑，如人物在水池边行走/转圈、人物在景观树旁做动作、人物在商业区摆拍、人物上下楼梯、人物玩毛绒玩具、人物放烟花/看烟花等。

图8-68　粗剪视频素材

步骤 02 在"播放器"面板中预览视频粗剪效果，以下是部分镜头画面，如图8-69所示。

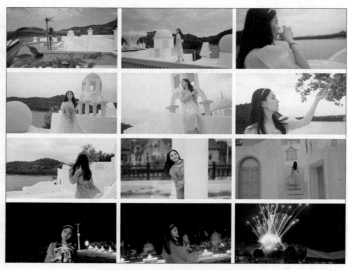

图8-69　预览视频粗剪效果

步骤 03 将"音乐"素材添加到音频轨道中，并调整音量为−5.0dB。将第2个视频片段的播放速度调整为0.5x，第3个视频片段调整为0.6x，第4个视频片段调整为0.5x。根据需要调整各视频片段的长度，使第5个视频片段的左端与第2句歌词开始的位置对齐，如图8-70所示。采用同样的方法，对其他视频片段进行常规变速调整。

图8-70　调整视频片段播放速度

步骤 04 对各视频片段进行精确修剪。例如，第3个和第4个视频片段都包括人物转身的动作，在组接这两个镜头时，将视频剪辑点选择在后一个镜头中人物正脸刚要转过来的位置，然后将前一个镜头的右端修剪到同样的位置，如图8-71所示。

图8-71　对视频片段进行精确修剪

步骤 05 选中人物双手拿花的视频片段，在"播放器"面板中可以看到画面右侧边缘处出现无关的人，在"画面"面板中分别调整"缩放"和"位置"参数，调整画面构图，裁掉无关的元素，如图8-72所示。

图8-72　调整画面构图

2. 视频调色

由于视频素材不是同一天拍摄的，因此各镜头的画面色彩有所差异。下面对短视频进行统一调色，并添加合适的滤镜效果，具体操作方法如下。

视频调色

步骤 01 将"风铃"滤镜添加到滤镜轨道中，并调整滤镜的长度，使其覆盖所需的视频片段（见图8-73），然后在"滤镜"面板中调整"强度"参数为40。

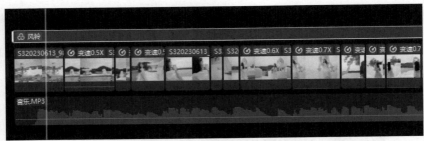

图8-73 应用"风铃"滤镜

步骤 02 添加调节片段到调节轨道中，并根据需要调整调节片段的长度，如图8-74所示。

步骤 03 在"调节"面板中单击"基础"按钮，调整"饱和度""亮度""阴影"等参数，如图8-75所示。

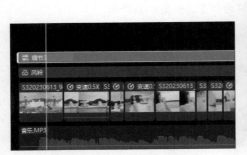

图8-74 添加调节片段

图8-75 调整参数

步骤 04 单击"曲线"按钮，调整"亮度"曲线，增加对比度，如图8-76所示。

步骤 05 在时间线面板中选中要单独调色的视频片段，在此选中第1个视频片段，然后在"调节"面板中调整"亮度"曲线，如图8-77所示。

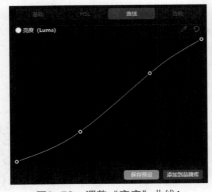

图8-76 调整"亮度"曲线1

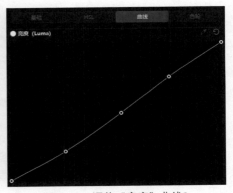

图8-77 调整"亮度"曲线2

步骤 06 在"播放器"面板中预览第1个视频片段，调色前后的对比效果如图8-78所示。

图8-78　调色前后的对比效果

步骤 07 选中需要一起调色的视频片段，按【Ctrl+G】组合键创建组合，如图8-79所示。

步骤 08 在"调节"面板中单击"曲线"按钮，调整"蓝色通道"曲线。使用吸管工具在画面的天空中吸取颜色，即可在曲线中自动添加一个锚点，然后在该锚点的左右两侧分别添加一个锚点，向上移动天空颜色所在的锚点，增加天空的蓝色，如图8-80所示。

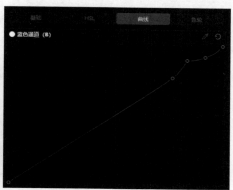

图8-79　组合视频片段　　　　图8-80　调整"蓝色通道"曲线

3. 添加视频效果

下面在清新文艺风短视频中添加转场效果、动画效果及音效，具体操作方法如下。

添加视频效果

步骤 01 在时间线面板中选中要制作关键帧动画的视频片段，并将时间线指针移至要添加关键帧的位置，在"画面"面板中单击"基础"按钮，在"位置大小"右侧单击"添加关键帧"按钮◆，添加第1个关键帧，如图8-81所示。

步骤 02 将时间线指针向右移动1s的距离，将"缩放"参数调整为120%，然后根据需要调整"位置"中的"Y"坐标参数，剪映将自动添加第2个关键帧，如图8-82所示。

步骤 03 在视频片段上拖动关键帧，根据需要调整其位置，如图8-83所示。

步骤 04 在时间线面板中选中第3个和第4个视频片段，按【Alt+G】组合键创建复合片段，然后使用关键帧制作从100%到110%的放大动画，如图8-84所示。

步骤 05 从剪映"素材库"中将"黑场"素材添加到画中画轨道中，并将其置于视频片段的转场位置。在"黑场"片段上添加4个"不透明度"关键帧，并分别设置"不透明度"参数为0%、100%、100%、0%，即可制作出"黑场"淡入淡出的转场效果，如图8-85所示。

图8-81　添加关键帧

图8-82　调整"缩放"和"位置"参数

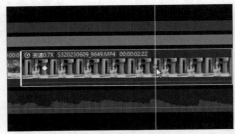

图8-83　调整关键帧位置

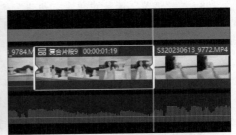

图8-84　制作放大动画

图8-85　使用"黑场"素材制作转场效果

步骤 06 在时间线面板中用鼠标右键单击放烟花的视频片段，在弹出的快捷菜单中选择"分离音频"命令，将视频中放烟花的原声音效分离为独立的音频片段。根据需要调整音频片段的音量和长度，并调整淡入和淡出时长。为最后一个视频片段添加"烟花"音效，并调整音量，如图8-86所示。

图8-86　添加与编辑音效

4. 添加字幕

下面为清新文艺风短视频添加并编辑歌词字幕，具体操作方法如下。

添加字幕

步骤 01 在时间线面板中用鼠标右键单击"音乐"，在弹出的快捷菜单中选择"识别字幕/歌词"命令，即可在文本轨道中自动添加歌词字幕。根据需要将长句歌词分割为短句，并调整歌词片段的长度，如图8-87所示。

图8-87 识别歌词并调整歌词片段

步骤 02 选中歌词片段，在"文本"面板中编辑歌词，在歌词文本的前后分别添加"「"和"」"符号，如图8-88所示。

步骤 03 在时间线面板中选中所有歌词片段，在"文本"面板中设置"字体""字号""字间距"等参数，如图8-89所示。

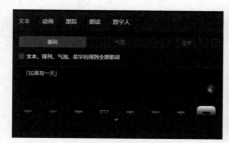

图8-88 编辑歌词文本

图8-89 设置歌词文本格式

步骤 04 勾选"阴影"复选框，然后调整"不透明度""模糊度""距离"等参数，如图8-90所示。

步骤 05 在"播放器"面板中预览歌词效果，根据需要调整每句歌词的位置，如图8-91所示。为所有文本添加"渐显"入场动画和"渐隐"出场动画，并调整动画时长。预览短视频整体效果，不需修改后单击"导出"按钮，即可导出短视频。

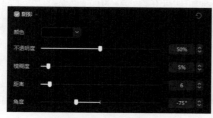

图8-90 设置阴影效果

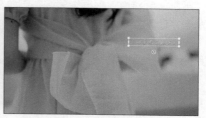

图8-91 调整歌词位置

课堂实训

打开"素材文件\第8章\课堂实训\夏日纪念"文件夹，制作一条具有清新文艺感的短视频，效果如图8-92所示。

图8-92 "夏日纪念"短视频

本实训的操作思路如下。

（1）新建剪辑项目，将视频素材导入"媒体"面板，按照剪辑顺序将视频素材添加到时间线面板中，并对视频片段进行粗剪。

（2）预览视频粗剪效果，然后根据需要对镜头的画面构图进行调整。

（3）将音乐素材添加到音频轨道，对音乐进行自动踩点，根据音乐节拍和音乐中的歌词对视频片段进行精剪，使画面与音乐节奏相匹配。

（4）将"调节"效果添加到调节轨道并使其覆盖整个短视频，在"调节"面板中使用"亮度"曲线调整画面亮度和对比度，然后调整"饱和度""光感""锐化""阴影"等参数。预览画面整体调色效果，并对个别片段进行单独调色。为短视频添加合适的滤镜，调整滤镜的强度。

（5）添加一些光晕特效用于转场，在片尾部分添加一些复古和怀旧特效。

（6）使用识别歌词功能添加字幕，在"文本"面板中设置"字体""字号""字间距""阴影"等参数。根据需要调整字幕在画面中的位置，并为所有字幕添加"渐显"和"渐隐"动画。

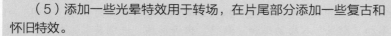

课堂实训1

课堂实训2

课后练习

打开"素材文件\第8章\课后练习\动态相册"文件夹，将风光照片和视频素材导入剪映专业版，制作一条动态相册短视频。

第 **9** 章
短视频制作进阶案例实训

【知识目标】

➤ 掌握粗剪短视频的方法和技巧。
➤ 掌握精剪短视频的方法和技巧。
➤ 掌握短视频调色的方法和技巧。
➤ 掌握短视频包装的方法和技巧。

【能力目标】

➤ 能够整理视频素材，并撰写短视频脚本。
➤ 能够粗剪视频素材、剪辑背景音乐、添加旁白和音效。
➤ 能够根据需要制作各种视频转场效果。
➤ 能够根据需要对短视频进行调色。
➤ 能够为短视频添加字幕，并设置封面。

【素养目标】

➤ 增强责任感和使命感，站在时代的高度进行短视频创作。
➤ 短视频创作要讲格调、讲创意、讲品位，坚持正确的创作方向。

　　本章将通过制作"赤水之旅"短视频，对使用剪映专业版剪辑短视频的流程和技巧进行深入讲解，让读者进一步掌握短视频粗剪、精剪、调色与包装的方法与技巧。

9.1 短视频的粗剪

下面对"赤水之旅"短视频进行粗剪，包括整理素材，撰写短视频脚本、粗剪视频素材、剪辑背景音乐和添加旁白。

9.1.1 整理素材

在剪辑短视频之前，创作者要先对拍摄的素材进行整理，可以按照时间、场景或画面进行素材命名和分类。本案例将素材整理到8个文件夹中，包括航拍、空镜、旁白、人物、图片、音乐、音效、转场，如图9-1所示。

| 航拍 | 空镜 | 旁白 | 人物 | 图片 | 音乐 |

| 音效 | 转场 |

图9-1 整理素材

9.1.2 撰写短视频脚本

素材整理完成后创作者应回看素材，并厘清剪辑思路。本案例短视频的剪辑思路为以人物在景区旅行的时间线为主线，中间穿插一些交代环境的空镜，再结合旁白音频进行剪辑。视频的开头和结尾均为大景别的赤水大瀑布，并对结尾进行倒放处理，以增强画面的视觉冲击力。

表9-1为创作者为"赤水之旅"短视频撰写的脚本。

表 9-1 "赤水之旅"短视频脚本

序号	景别	角度	运镜	分镜画面	台词
1	远景	大角度俯拍（航拍）	前推	大瀑布	
2	近景	平拍	移镜	植物叶子	
3	全景	平拍（航拍）	前推 环绕	大瀑布	
4	特写	平拍	摇镜 甩镜	沿途竹林	
5	中景	平拍	横移	竹林和小瀑布	回不完的消息，做不完的待办，什么时候开始厌倦了这一切
6	近景	平拍	横移	岩壁上的流水	
7	近景	俯拍	环绕	路旁山坡上的灌木植物	
8	特写	俯拍	移镜	植物叶子	
9	近景	平拍	微移	人物转身后向上看	
10	近景	平拍（航拍）	环绕	景区牌楼	不过幸好，没有什么是一趟赤水之旅解决不了的
11	近景	平拍	移镜	竹林和小瀑布	
12	中景	平拍	横摇	小瀑布前的竹林	
13	中景	平拍（背面）	跟随	人物在小路上行走	

续表

序号	景别	角度	运镜	分镜画面	台词
14	特写	俯拍（前侧）	横移	行走中鞋子踩水	赤水大瀑布，穿过重山和密林
15	特写	平拍（侧面）	微环绕	行走中人物手扶岩壁	
16	特写	俯拍（后侧）	跟随	行走中的人物脚步	
17	全景	平拍（后侧）	跟随	人物在山路上行走	听水流碰撞岩石，感受自然原始的脉搏，整个人都轻盈起来
18	中景	平拍	环绕	小瀑布	
19	特写	低角度俯拍（后侧）	横移	人物在跳岩上行走的脚部特写	
20	全景	平拍（后侧）	跟随	人物走过河水上的跳岩	
21	近景	仰拍	环绕	披针形灌木叶子	
22	特写	平拍	环绕	圆形灌木叶子	
23	中景	平拍（背面）	跟随	人物走在大瀑布前的木栈道上	
24	中景	平拍	环绕	人物在瀑布前的木栈道上抬头看	
25	全景	仰拍（背面）	微环绕	人物在瀑布前张开双臂	
26	近景	俯拍	移镜	灌木叶子	欣欣然敞开胸怀，大自然的慷慨，也许真的能涤荡一切浊气
27	全景	仰拍（背面）	横移	人物沿着山路台阶往上跑	
28	特写全景	低角度仰拍（背面）	环绕移镜头	人物从镜头前走过，走上一个凸起的石头抬头看	
29	全景	平拍（航拍）	前推	越过人物拍摄大瀑布	
30	中景	低角度仰拍（航拍）	前推上升	越过巨石拍摄大瀑布	
31	全景	俯拍（航拍）	下摇	佛光岩瀑布全景	佛光岩，赤水丹霞的得意之作
32	近景	俯拍（航拍）	微环绕	佛光岩壁上的瀑布	
33	全景	俯拍（航拍）	前推	长满树木的山谷	飞瀑三千尺 只有独处的片刻，才能感受到大自然的奇绝
34	近景	俯拍（航拍）	后拉	大瀑布的近景	
35	远景	俯拍（航拍）	环绕	大瀑布的远景	
36	近景	低角度仰拍	后拉环绕	路旁的花丛	
37	中景	仰拍（后侧）	环绕	逆光下的人物	
38	远景	航拍（背面）	下降	在瀑布下人物拿手机拍照	
39	全景	平拍（航拍）		大瀑布的照片	
40	全景	仰拍（航拍）		佛光岩的照片	
41	远景	俯拍（航拍）		飞蛙崖的照片	
42	远景	平拍（航拍前侧）	环绕	在木屋建筑群的生活区人物沿着台阶往下走	人依木则为休 在森林覆盖率高达90%以上的赤水竹海国家森林公园疗愈身心
43	远景	平拍（航拍前侧）	环绕	在长满苔藓的山间人物沿着台阶往下走	
44	远景	俯拍（航拍）	环绕	整片大山	
45	远景	平拍（航拍前侧）	环绕	在长满树的山间人物沿着台阶往下走	
46	远景	顶拍（航拍）	旋转	路上的石桥	
47	远景	平拍（侧面）	横移	人物走在石桥上	
48	特写	俯拍（侧面）	微环绕	人物打开复古相机取景盖的手部特写	
49	中景	平拍（侧面）	环绕	人物拿着复古相机拍照	

续表

序号	景别	角度	运镜	分镜画面	台词
50	远景	俯拍（航拍）	环绕	山谷、河流	
51	远景	平拍（航拍）	环绕	小瀑布、崖壁绿植	
52	远景	平拍（航拍侧面）	上升	人物在瀑布岩壁前的栈道上走过	来赤水，屏蔽一切烦琐喧嚣，此刻只想做一个忘忧的梦旅人
53	远景	平拍（后侧）	横移	人物在大瀑布前的石头上行走，然后张开双臂	
54	近景	平拍（航拍）	前推	大瀑布	
55	远景	平拍（航拍）	环绕	人物在大瀑布前张开双臂	
56	全景	俯拍（航拍）	前推下摇	大瀑布	

↘ 9.1.3 粗剪视频素材

下面按照短视频脚本对短视频进行粗剪，具体操作方法如下。

步骤 01 在剪映专业版中新建剪辑项目，并将要用的素材文件拖至"媒体"面板中，如图9-2所示。

步骤 02 在"草稿参数"面板中单击"修改"按钮，在弹出的对话框中设置"草稿名称""比例""分辨率""草稿帧率"等选项，如图9-3所示，然后单击"保存"按钮。

粗剪视频素材

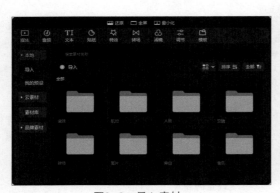

图9-2 导入素材

图9-3 设置草稿

步骤 03 按照短视频脚本依次将各视频素材添加到时间线面板中，并对视频素材进行修剪，如图9-4所示。

图9-4 修剪视频素材

步骤 04 在"播放器"面板中预览视频粗剪效果，部分镜头画面如图9-5所示。

图9-5 预览视频

步骤 05 第2个视频片段为一段快移镜头的空镜素材，该素材用作前后两个瀑布镜头之间的转场过渡。选中第2个视频片段，按【Ctrl+R】组合键调出"变速"面板，单击视频片段上方的速度按钮，在弹出的菜单中选择"快速2.0x"命令，加快该视频片段的播放速度，以达到快速甩镜头的效果，如图9-6所示。

步骤 06 选中第1个视频片段，在"变速"面板中单击"曲线变速"按钮，自定义曲线变速，调整各锚点（见图9-7），然后根据需要对其他视频片段进行变速操作。

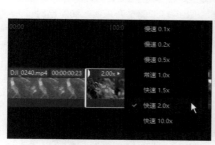

图9-6 选择速度选项

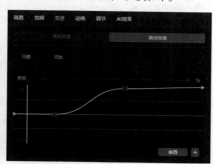

图9-7 设置曲线变速

步骤 07 根据需要设置各视频片段的音量和淡入淡出时长，如图9-8所示。

步骤 08 选中人物在瀑布前放下双臂的视频片段，在时间线面板的工具栏中单击"倒放"按钮◎，设置视频倒放，制作瀑布倒流效果（见图9-9），然后为片尾的三个瀑布视频片段设置倒放。

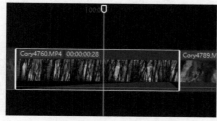

图9-8 设置视频片段音量和淡化效果

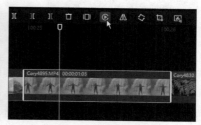

图9-9 设置视频倒放

↘ 9.1.4 剪辑背景音乐

下面为短视频添加背景音乐，并将背景音乐剪辑为1分钟左右的时长，具体操作方法如下。

剪辑背景音乐

步骤 01 将"音乐"素材添加到音频轨道中，根据音乐节奏截取音乐片段。在此分别截取0s～35s、1min 9s～1min 27s、2min 33s到2min 45s 3个片段。调整音乐片段的位置，将第1个和第2个音乐片段进行组接，并适当延长两个片段剪接点，使两个片段有重叠，对齐音乐段落的开始位置，如图9-10所示。

步骤 02 根据需要调整第1个音乐片段的淡出时长，以及第2个音乐片段的淡入时长，使两个音乐片段之间产生交叉淡化的过渡效果，如图9-11所示。

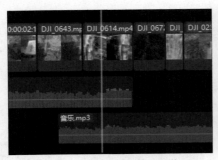
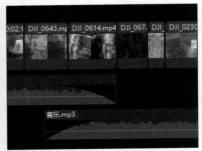

图9-10 对齐音乐段落开始位置　　图9-11 调整音乐淡入和淡出时长

步骤 03 采用同样的方法组接第2个和第3个音乐片段，并调整两个音乐片段的淡入淡出时长，如图9-12所示。

步骤 04 选中3个音乐片段，按【Alt+G】组合键创建复合片段，调整音乐的开始位置，降低音量并设置音乐的淡入时长，如图9-13所示。

图9-12 组接音乐片段　　图9-13 创建复合片段并调整音乐

↘ 9.1.5 添加旁白

下面将录制的旁白音频添加到短视频中并进行剪辑，具体操作方法如下。

添加旁白

步骤 01 将"旁白"音频添加到音频轨道中，调整"旁白"的音量，将其开始位置移至第4个视频片段的开始位置，如图9-14所示。

步骤 02 根据需要对"旁白"进行剪辑，控制"旁白"的节奏，使语句之间有一定的停顿。例如，在"佛光岩，赤水丹霞的得意之作"这句话前分割音频，然后向后调整其位置，如图9-15所示。

图9-14 添加"旁白"

图9-15 分割"旁白"并调整位置

步骤 03 根据"旁白"调整视频片段的播放速度和位置，让画面和"旁白"相契合，效果如图9-16所示。

图9-16 根据"旁白"调整视频

9.2 短视频的精剪

下面对短视频进行精剪，包括添加音效、制作视频转场效果、制作拍照动画效果等。

9.2.1 添加音效

下面为短视频添加音效，以增强短视频的沉浸感和节奏感，具体操作方法如下。

添加音效

步骤 01 选择一个带有纯净环境音效的视频片段，用鼠标右键单击该视频片段，在弹出的快捷菜单中选择"分离音频"命令，如图9-17所示。

步骤 02 调整分离出的音频片段的长度，使其覆盖相邻的几个空镜片段，然后调整音频的音量和淡入淡出时长，如图9-18所示。采用同样的方法，为其他视频片段添加环境音效。

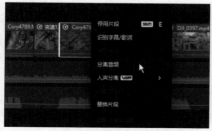

图9-17 选择"分离音频"命令

图9-18 添加环境音效

步骤 03 在"媒体"面板中打开"音效"文件夹，添加"瀑布"音效素材，并根据需要调整音效的音量，如图9-19所示。

步骤 04 "音效4"素材为视频格式的音效包，使用时需要在"媒体"面板中对要用的音效部分进行裁剪，在此裁剪出音效中的"户外森林"音效，如图9-20所示。

图9-19　添加"瀑布"音效

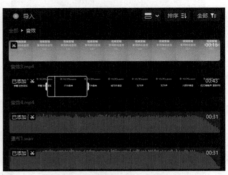

图9-20　修剪音效素材

步骤 05 将音效视频添加到画中画轨道中，分离音频并删除视频。根据需要修剪音效片段，并将音效片段移至合适的位置，如图9-21所示。

步骤 06 在素材面板上方单击"音频"按钮，在左侧单击"音效素材"按钮，搜索"展开"，将"横幅展开3"音效添加到第2个视频片段下方，如图9-22所示。采用同样的方法，在其他需要添加音效的位置添加音效。

图9-21　添加音效

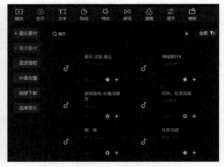

图9-22　搜索并添加音频

↘ 9.2.2　制作视频转场效果

下面为短视频制作转场效果，除了可以添加剪映自带的"叠化""闪白"等转场效果外，还可以手动制作转场效果。本案例制作蒙版转场效果、光晕转场效果和闪光转场效果。

制作蒙版转场效果

1. 制作蒙版转场效果

下面使用蒙版制作视频转场效果，具体操作方法如下。

步骤 01 按住【Alt】键的同时向上拖动视频片段，将其复制到画中画轨道中，向右拖动视频片段的右端，使其与下一个视频片段重叠，该重叠部分用于制作转场效果，将时间线移至视频片段的转场位置，如图9-23所示。

步骤 02 在"画面"面板中单击"蒙版"按钮，选择"圆形"蒙版，然后单击"蒙版"右侧的"添加关键帧"按钮◆，添加"蒙版"关键帧，如图9-24所示。

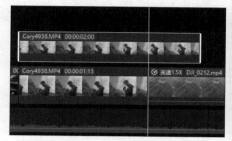

图9-23 复制视频片段并调整其长度

图9-24 创建蒙版并添加关键帧

步骤 03 在"播放器"面板中调整圆形蒙版的大小和位置，使其框住人物，然后调整羽化程度，如图9-25所示。

步骤 04 将时间线向右拖动一段距离，再添加一个"蒙版"关键帧，然后选中第1个关键帧，如图9-26所示。

图9-25 调整圆形蒙版

图9-26 添加与选择"蒙版"关键帧

步骤 05 在"播放器"面板中调整蒙版，使其框住整个画面，如图9-27所示。

步骤 06 在"播放器"面板中预览蒙版动画效果，如图9-28所示。

图9-27 调整蒙版

图9-28 预览蒙版动画效果1

步骤 07 在"动画"面板中单击"出场"按钮，选择"渐隐"动画，调整"动画时长"为0.6s，使其与视频片段的重叠部分等长，如图9-29所示。

步骤 08 在"播放器"面板中预览蒙版动画效果，如图9-30所示。

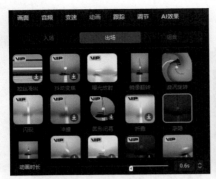

图9-29 添加"渐隐"动画

图9-30 预览蒙版动画效果2

2. 制作光晕转场效果

下面利用光晕转场素材和混合模式制作光晕转场效果，具体操作方法如下。

制作光晕转场
效果

步骤01 将"转场2"素材添加到视频片段的转场位置，然后对光晕片段进行修剪，并调整播放速度为1.5x，如图9-31所示。

步骤02 在"画面"面板中单击"基础"按钮，在"混合模式"下拉列表框中选择"滤色"混合模式，调整"不透明度"参数为80%，如图9-32所示。

图9-31 调整转场素材

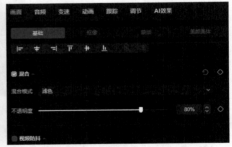

图9-32 设置"混合模式"和"不透明度"

步骤03 在"播放器"面板中预览光晕转场效果，如图9-33所示。

步骤04 在"画面"面板中单击"蒙版"按钮，然后选择"线性"蒙版，在"播放器"面板中调整蒙版的位置和方向，并调整羽化程度，使光晕转场效果只作用在画面的一部分，如图9-34所示。采用同样的方法，为其他视频片段添加光晕转场效果。

图9-33 预览光晕转场效果

图9-34 调整线性蒙版

3. 制作闪光转场效果

下面利用关键帧和"调节"面板制作闪光转场效果，具体操作方法如下。

步骤 01 将时间线指针定位到视频片段的左端，然后选中视频片段，在"调节"面板中单击"基础"按钮，单击"调节"选项右侧的"添加关键帧"按钮◆，添加第1个关键帧，如图9-35所示。

步骤 02 采用同样的方法，为视频片段添加第2个和第3个关键帧，选中第2个关键帧，如图9-36所示。

制作闪光转场效果

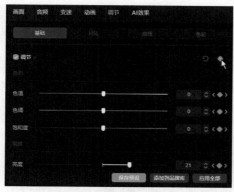

图9-35 添加"调节"关键帧

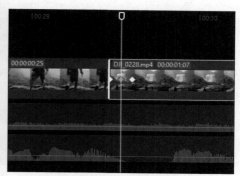

图9-36 选中第2个关键帧

步骤 03 在"调节"面板中调整"亮度""对比度""光感"等参数，增加画面的亮度和对比度，制作画面闪光效果，如图9-37所示。

步骤 04 在"播放器"面板中预览画面效果（见图9-38），然后在闪光位置添加"呼"音效。

图9-37 调整参数

图9-38 预览画面效果

↘ 9.2.3 制作拍照动画效果

下面为视频中的照片部分制作拍照动画效果，具体操作方法如下。

步骤 01 对要添加照片的视频片段进行分割，并为分割后的视频片段添加"模糊"特效，如图9-39所示。

步骤 02 将"图片1"素材添加到画中画轨道中，按住【Alt】键的同时向上拖动"图片1"片段进行复制，如图9-40所示。

制作拍照动画效果

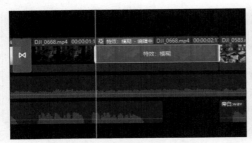

图9-39　分割视频片段并添加"模糊"特效

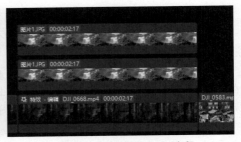

图9-40　添加"图片1"片段

步骤 03 在"画面"面板中调整上层轨道中"图片1"的"缩放"参数为80%，调整下层轨道中"图片1"的"缩放"参数为83%，在"播放器"面板中预览图片效果，如图9-41所示。

步骤 04 选中下层轨道中的"图片1"片段，在"调节"面板中单击"曲线"按钮，将"亮度"曲线右侧的锚点拖至最左侧，使图片变为白色，制作出图片边框效果，如图9-42所示。

图9-41　预览图片效果

图9-42　调整"亮度"曲线

步骤 05 在"播放器"面板中预览图片边框效果，如图9-43所示。

步骤 06 选中两个图片片段，按【Alt+G】组合键创建复合片段，将时间线指针移至复合片段的左端，如图9-44所示。

图9-43　预览图片边框效果

图9-44　创建复合片段

步骤07 在"画面"面板中添加"缩放"和"旋转"关键帧,设置"缩放"参数为75%,设置"旋转"参数为0°,如图9-45所示。

步骤08 将时间线指针向右移动6帧,设置"缩放"参数为100%,设置"旋转"参数为5°,如图9-46所示。

图9-45 设置"缩放"和"旋转"参数

图9-46 设置"缩放"和"旋转"参数

步骤09 用鼠标右键单击复合片段,在弹出的快捷菜单中选择"显示关键帧动画"命令,然后展开"缩放"动画,选中两个关键帧,单击"预设曲线"按钮⬈,如图9-47所示。

步骤10 在弹出的对话框中选择"缓出Ⅲ"曲线,使动画更加真实、自然,如图9-48所示。采用同样的方法,为"旋转"动画应用预设曲线,然后隐藏关键帧动画。

图9-47 单击"预设曲线"按钮

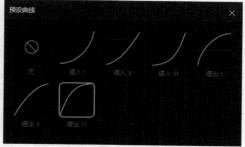

图9-48 选择"缓出Ⅲ"曲线

步骤11 为复合片段添加"曝光"特效,并调整特效的长度,使拍照动画播放时出现闪光效果,如图9-49所示。

步骤12 在"特效"面板中调整"滤镜""强度""纹理"等参数,如图9-50所示。

图9-49 添加"曝光"特效

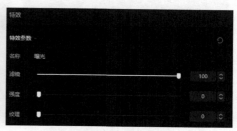

图9-50 调整特效参数

步骤 13 采用同样的方法制作"图片2""图片3"的拍照动画效果，并添加拍照声音效，如图9-51所示。

步骤 14 在"播放器"面板中预览拍照视频效果，如图9-52所示。

图9-51　为其他图片制作拍照动画效果

图9-52　预览拍照视频效果

9.3 短视频的调色

下面对短视频进行调色，以增强视频画面的质感。在调色过程中，需要遵循"先明暗后色彩，先整体后局部"的原则。

↘ 9.3.1 短视频基础调色

下面对短视频进行基础调色，使视频画面具有统一的明度，具体操作方法如下。

短视频基础调色

步骤 01 选中第1个视频片段，在"调节"面板中单击"基础"按钮，然后调整"对比度""阴影""光感"等参数，如图9-53所示。

步骤 02 在"播放器"面板中预览调色效果（见图9-54），然后根据需要对其他视频片段进行调色。

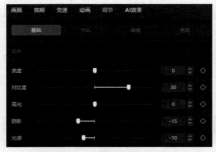
图9-53　调整调节参数

图9-54　预览调色效果

步骤 03 将调节片段添加到调节轨道中，在"调节"面板中调整"对比度""阴影"等参数，如图9-55所示。

步骤 04 调整调节片段的长度，使其覆盖要统一调色的视频片段（见图9-56），然后根据需要对个别视频片段进行单独调色。

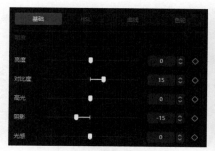

图9-55　调整调节参数

图9-56　调整调节片段长度

↘ 9.3.2　电影感调色

下面利用色彩预设文件和画面特效对短视频进行电影感调色，具体操作方法如下。

步骤01 在素材面板中单击"调节"按钮，然后在左侧单击"LUT"按钮，接着单击"导入"按钮，导入色彩预设文件，如图9-57所示。

步骤02 将调节片段添加到调节轨道中，使其覆盖整个短视频。在"调节"面板中勾选LUT复选框，在"名称"下拉列表框中选择所需的色彩预设文件，并调整"强度"参数为40，如图9-58所示。

电影感调色

图9-57　导入色彩预设文件

图9-58　选择色彩预设文件

步骤03 将"暗角"和"柔光"特效添加到特效轨道中，如图9-59所示。根据需要调整特效参数，在此调整"暗角"的"边缘暗度"参数为20，"柔光"的"强度"参数为10。

图9-59　添加画面特效

9.4　短视频的包装

下面对短视频进行包装设计，以提升短视频的观赏性，包括添加旁白字幕、制作标题字幕、设置封面并导出短视频。

↘ 9.4.1　添加旁白字幕

下面为短视频中的旁白添加字幕，具体操作方法如下。

步骤 01 在素材面板上方单击"文本"按钮，然后在左侧单击"智能字幕"按钮，在右侧"文稿匹配"选项中单击"开始匹配"按钮，如图9-60所示。

步骤 02 在弹出的对话框中输入旁白所对应的文稿内容（见图9-61），然后单击"开始匹配"按钮。

添加旁白字幕

图9-60　单击"开始匹配"按钮

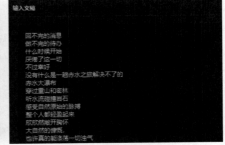
图9-61　输入文稿内容

步骤 03 在"文本"面板中设置"字体"为"毛笔行楷"，"字间距"为1，并添加阴影效果，在"播放器"面板中预览旁白字幕效果，如图9-62所示。

步骤 04 选中所有旁白字幕，在"动画"面板中选择"渐显"入场动画，调整"动画时长"为0.2s，如图9-63所示。添加"渐隐"出场动画，调整"动画时长"为0.2s。

图9-62　预览旁白字幕效果

图9-63　添加文本动画

↘ 9.4.2　制作标题字幕

下面制作短视频标题字幕并添加文本动画，具体操作方法如下。

步骤 01 在第3个视频片段上方添加4个文本片段，输入标题文本，修剪4个文本片段的左端，使其依次间隔4帧，然后根据需要修剪文本片段的右端，如图9-64所示。

步骤 02 在"文本"面板中设置"字体"为"粗书体"，并添加阴影效果。在"播放器"面板中调整文本的大小和位置，效果如图9-65所示。

制作标题字幕

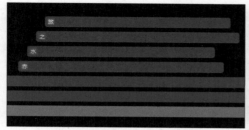
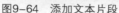

图9-64 添加文本片段

图9-65 设置文本格式

步骤 03 选中4个文本片段，在"动画"面板中单击"入场"按钮，选择"扭曲模糊"动画，并调整"动画时长"为1.5s，如图9-66所示。

步骤 04 单击"出场"按钮，选择"向右滑动"动画，并调整"动画时长"为0.5s，如图9-67所示。

图9-66 设置入场动画

图9-67 设置出场动画

↘ 9.4.3 设置封面并导出短视频

短视频剪辑完成后，预览整体效果，确认不再修改后即可导出短视频。在导出前为短视频设置封面，若要将短视频发布到抖音平台，要将封面比例设置为3∶4，具体操作方法如下。

设置封面并导出
短视频

步骤 01 在时间线面板中选择要作为封面的帧，在"播放器"面板中单击右上方的菜单按钮 ☰，在弹出的菜单中选择"导出静帧画面"命令，如图9-68所示。

步骤 02 在弹出的对话框中设置名称和保存位置，然后单击"导出"按钮，导出封面图片，如图9-69所示。

图9-68 选择"导出静帧画面"命令

图9-69 "导出静帧画面"对话框

步骤 03 创建新的剪辑项目，将封面图片添加到主轨道，然后在画中画轨道中添加"黑场"素材，并将"黑场"素材裁剪为3：4的比例，如图9-70所示。

步骤 04 调整"黑场"素材的不透明度，添加文本片段并输入所需的文本，根据需要设置文本格式，使封面文字位于"黑场"素材所在的区域中（见图9-71），然后隐藏"黑场"素材所在轨道。

图9-70　添加图片并设置"黑场"素材

图9-71　添加与编辑文本

步骤 05 在画中画轨道中再添加一个"黑场"素材，并使用"镜像"蒙版裁剪素材，为文字添加黑色底纹，如图9-72所示。封面制作完成后，导出封面的静帧画面。还可以在时间线上选择封面，创建复合片段，然后将复合片段保存为"我的预设"，以后再使用这种类型的封面时替换图片和文字即可。

步骤 06 打开"赤水之旅"剪辑项目，单击主轨道最左侧的"封面"按钮，在弹出的对话框中单击"本地"按钮，上传封面图片，单击"去编辑"按钮（见图9-73），然后在弹出的对话框中单击"完成设置"按钮。

图9-72　使用"镜像"蒙版裁剪素材

图9-73　上传本地封面

步骤 07 单击界面右上方的"导出"按钮，在弹出的对话框中设置标题和导出位置，勾选"封面添加至视频片头"复选框，如图9-74所示。单击"导出"按钮，即可导出短视频。

图9-74 设置导出选项

课堂实训

打开"素材文件\第9章\课堂实训\旅游攻略"文件夹,制作一条城市旅游攻略短视频,效果如图9-75所示。

图9-75 城市旅游攻略短视频

本实训的操作思路如下。

(1)新建剪辑项目,将要用的视频素材整理好并拖至"媒体"面板中。打开"草稿设置"对话框,设置"草稿名称""比例""分辨率""草稿帧率"等。

(2)将文本添加到文本轨道,输入短视频文案,使用文本朗读功能将文本转换为旁白音频,然后删除文本。在剪映音乐库中选择合适的背景音乐,并将其添加到音频轨道,并调整音乐的音量。

课堂实训1

（3）在时间线面板中添加视频素材，并根据旁白修剪视频素材，完成短视频的粗剪。

（4）对视频片段进行变速处理，包括常规变速和曲线变速，使视频播放更具节奏感。

（5）在每个景区地点的开始位置添加合适的转场效果。

（6）对短视频进行调色，通过"调节"面板调整各画面的明暗程度，然后为短视频添加合适的滤镜效果，调整滤镜的强度。

（7）利用文稿匹配功能添加旁白字幕，在"文本"面板中修改文字格式。使用文字模板制作标题字幕、时间字幕、景区地点字幕及文字版旅游攻略字幕。

课堂实训2

课后练习

打开"素材文件\第9章\课后练习\旅拍"文件夹，将视频素材导入剪映专业版，制作一条旅拍短视频。